全国重点推广水产养殖品种
示 范 模 式

全国水产技术推广总站 组编

中国农业出版社

北 京

本书编委会

主　编：何建湘　李明爽

副主编：张　龙　郑立佳　李东萍

参　编（按姓氏笔画排序）：

前言
PREFACE

水产养殖业作为我国农业的重要组成部分，不仅是保障优质蛋白质供给的关键力量，更承载着乡村振兴与渔业可持续发展的重任。习近平总书记指出，"要根据本地的资源禀赋、产业基础、科研条件等，有选择地推动新产业、新模式、新动能发展，用新技术改造提升传统产业，积极促进产业高端化、智能化、绿色化"。在行业向绿色、高效、智能转型的当下，科技已然成为驱动产业革新的核心引擎，是破解资源约束、提升综合效益、增强国际竞争力的必由之路。

种业是农业的芯片，水产种业是水产养殖业高质量发展的基础。然而，传统水产养殖品种经过长期的人工养殖，往往面临种质退化、生长缓慢、抗病力下降等问题，限制了养殖效益的提升。水产新品种凭借优良的遗传特性，如更快的生长速度、更强的环境适应性、更高的抗病能力，显著提高了养殖效率与产出。例如，一些经过基因改良的鱼类品种，饲料转化率大幅提升，养殖户能够用更少的投入获得更多的产出；具有耐高温、耐高密度养殖特性的新品种，突破了地域与养殖条件的限制，拓展了养殖空间，让水产养殖在更多区域实现规模化发展，增强了我国水产养殖业在国际市场的竞争优势。

为充分发挥科技对渔业高质量发展和乡村产业振兴的支撑引领作用，加快渔业当家品种、优良品种应用推广，全国水产技术推广总站、中国水产学会面向全国遴选推介了一批先进适用的水产养殖品种。这些品种在生长速度、饲料转化、抗病能力、品质质量等某一方面或多方面优势明显，受到市场的广泛认可，且近三年推广养殖面积具有一定规模，具有较强的实用性和适用性。

　　本书聚焦全国重点推广的水产养殖品种示范模式，系统梳理了众多水产新品种在不同养殖场景下的成功实践。每一个示范模式，都凝结着科研人员的智慧与养殖户的经验，展现了新品种在提升产量、优化品质、创造效益等方面的巨大潜力。希望本书能成为广大水产从业者了解新品种、学习新经验的实用指南，助力水产新品种在更广泛的区域落地生根，为我国水产养殖业的繁荣发展注入强劲动力，书写产业发展的新篇章。

编　者

2025 年 5 月

目 录

CONTENTS

前言

大黄鱼"富发1号"

一、品种简介

大黄鱼"富发1号"（图1）品种登记号GS-01-006-2022，是以2007—2008年从福建霞浦大黄鱼主养区采集的5个大黄鱼养殖群体为基础群体，以体重（生长速度）为选育目标性状，采用群体选育技术，经连续5代选育而成。在相同养殖条件下，与未经选育的大黄鱼相比，18月龄鱼体重提高23.6%，相对存活率提高16.27%。适宜于福建和浙江沿海网箱养殖。

图1 大黄鱼"富发1号"

二、示范推广情况

大黄鱼"富发1号"广泛应用于近外海接力养殖模式和围网养殖等多种养殖模式中，近三年在全国多个省市推广养殖，推广规模超过4.9亿尾，新增总产值50.85亿元，产出利润率15%以上。

三、示范养殖模式

（一）近外海接力养殖模式

近外海接力养殖模式是一种结合近岸过渡养殖和深远海成品养殖的分阶段集约化养殖方式，旨在通过近外海海洋环境的优势互补，提高大黄鱼成活率、生长速度和产品质量，同时减少近海养殖的环境压力。

该模式根据大黄鱼不同生长阶段的生理需求，分设"近海养殖过渡→深远海养成"两阶段养殖模式，实现精细化管控。

1. 技术要点

（1）近海养殖过渡阶段

①目标。全长5厘米鱼苗在近海养殖过渡，适应开放海域环境，养成规格达到350～400克/尾。使鱼体逐步适应自然海区水流潮汐变化，逐渐增强鱼体抗逆性。

②技术要点。

近海网箱暂养的位置选择：选择可避大风浪的半开放海域（水深15～20米），潮流畅通，控制流速小于1.0米/秒，流向平直、稳定。海区水质符合《无公害食品　海水养殖产地环境条件》（NY 5362—2010）的规定，盐度20～35，溶解氧大于5毫克/升，氨氮小于0.2毫克/升，水温稳定在13℃以上。

网箱选择：使用中型抗风浪网箱（HDPE框架，网衣网目1～2厘米，根据养殖群体生长变化不定期更换网衣）。

投喂策略：投喂高脂高能饲料（脂肪含量≥12%），提高能量储备。

（2）深远海养成阶段

①目标。成鱼养殖至商品规格（350～400克/尾养到500～650克/尾）。

②技术要点。

大型抗风浪养殖装备：大型抗风浪网箱/养殖平台（周长60～100米，网深 10～20 米），可配备自动投饵机、水质监测仪、水下监控摄像头。网衣材料选择超高分子量聚乙烯（UHMWPE），抗撕裂、防污损能力强。

选址要求：选择离岸 3 千米以上、水深 30～50 米的开放或半开放海域，流速小于 1.0 米/秒，潮流畅通，流向平直稳定，以往复流的海区较为适宜。水质符合《无公害食品　海水养殖产地环境条件》（NY 5362—2010）的规定，海水盐度 25～32，溶解氧大于 5 毫克/升，氨氮小于 0.2 毫克/升，水温稳定在 13～28℃，避开水母、赤潮频发区。

养殖密度：10～20 尾/米³（根据水流和溶解氧动态调整）。

投喂策略：以配合饲料为主（粗蛋白≥40%，添加鱼油提升 Omega-3 含量），日投喂量占体重 1%～1.5%（根据季节变化适时进行摄食调控，越冬期间可隔天投喂 1 次，日投喂率 1% 以下）。利用物联网系统监测摄食情况，避免残饵污染以及制定合理的喂食计划。

灾害应对：赤潮期间启用增氧设备，必要时转移至备用网箱。

日常管理：

A. 根据网箱网衣的堵塞情况，适时更换网衣。在潮流较急、鱼苗活力不好时或饱食后，不宜换网操作。

B. 每天监测水温、比重、透明度与水流，观察鱼苗的集群、摄食、病害与死亡情况，并做好记录。

C. 检查网箱倾斜度、网衣破损、网绳牢固、沉子移位等情况，及时捞除网箱内外漂浮物。

D. 采用预防为主、防治结合的病害防控措施。

2. 典型案例

福建创源农业投资有限公司在福鼎台山列岛海域建有 24 口周长为 90 米的圆形深远海抗风浪养殖网箱，可产出优质大黄鱼 50 吨/口，直接经济效益约 500 万元/口。与传统内湾养殖相比，深远海养殖的生态环境条件更加符合大黄鱼野化生长需求，为提升大黄鱼品质和效益提供了案例方向（图 2、图 3）。

（二）网箱混养生态养殖模式

该模式是一种生态友好型养殖模式，通过在同一水域中合理搭配其他品种的鱼类（如真鲷、黑鲷、蓝圆鲹等），利用不同鱼类间栖息习性和食性不同，且不互相残食的特性，形成产出高效的生态系统。大黄鱼残饵和网衣附着物被

图 2　大黄鱼深远海养成案例（1）

图 3　大黄鱼深远海养成案例（2）

其他鱼类摄食，减少饵料残渣，提高饵料利用效率，减少底泥富营养化，实现对水质的有效调控。

1. 技术要点

（1）物种选择　大黄鱼作为核心养殖对象，占据水体中层至上层空间，主要摄食人工配合饵料或小型鱼类。

建议大黄鱼的初始规格为 50 克/尾，以（200～300）∶1 的比例，搭配其他鱼类品种（规格应小于大黄鱼）。通过投放少量混养鱼类，改善网箱生态环境并提高饵料效率。

搭配杂食性且互不蚕食鱼类（如真鲷、黑鲷），摄食利用大黄鱼残饵和浮游生物，如黑鲷摄食网衣上的附着物，有助于保持网衣清洁和网箱整体水流通畅。

（2）日常管理

环境要求：水质符合《无公害食品　海水养殖产地环境条件》（NY 5362—2010）的规定，海水盐度 25～32，溶解氧大于 5 毫克/升，氨氮小于 0.2 毫克/升，水温稳定在 13℃以上。水流流速在 0.2～0.5 米/秒的海域为佳，能保证溶解氧充足和代谢废物排出。

投喂策略：大黄鱼饲料使用高蛋白（≥45%）、低脂（≤12%）的膨化饲料，日投喂量为鱼体重的 1.5%～3%，分早晚两次投喂（根据季节变化适时进行摄食调控，越冬期间可隔天投喂 1 次，日投喂率 1% 以下）。

疾病防控：生态防控，通过混养清洁鱼类（如黄鳍鲷）清除大黄鱼体表寄生虫；益生菌应用，定期在饲料中添加芽孢杆菌等益生菌保持肠道健康及增强免疫力；物理防控，网箱定期清洗，避免附着生物堵塞网目。

2. 典型案例

宁德市富发水产有限公司大湾养殖基地，共有大黄鱼-黑鲷综合混养网箱 36 口（4 米×4 米），以大黄鱼-黑鲷混养（250∶1）为主。2024 年大黄鱼产量 16 千克/米³，按大黄鱼收购价（30 元/千克）计算，大黄鱼-黑鲷混养产值约 165.88 万元，利润 16 万～20 万元。另收获黑鲷约 800 千克，利润约 4 万元。该种模式为大黄鱼养殖过程中饵料的高效利用提供了一个有效的途径，同时也有效改善了养殖网箱内的生态环境。

（三）围网养殖模式

围网养殖模式是一种利用天然水域（如海湾、近海等）结合人工围网设施，利用自然潮汐实现水体交换的集约化养殖模式，具有环境友好、养殖密度高、管理灵活等特点。这种养殖方式可以利用天然饵料，减少凶猛鱼类的危害，降低鱼类觅食所消耗的能量，从而提高成活率、生长速度和饲料转化率。

1. 技术要点

（1）养殖条件

海区选址：围网区周边无工业、农业与生活等污染源。宜选择能避台风的港湾型浅海区，底质为泥质或沙泥质、底部平坦的内湾潮下带。要求风浪较小，潮流畅通，流向平直，最大流速小于 1.5 米/秒；大潮高潮时水位 18～20 米，大潮低潮时水位不低于 12 米，围网内的水位大于 15 米。

理化环境：以泥沙底或沙泥底为宜，避开礁石区和淤泥过厚区域。水质符合《无公害食品　海水养殖产地环境条件》（NY 5362—2010）的规定，海水盐度 25～32，溶解氧大于 5 毫克/升，氨氮小于 0.2 毫克/升，水温稳定在 13℃以上，pH 7.5～8.5。

围网设置：单个围网面积 3 000 米² 以上，通常为圆角矩形或圆形。每个围网区围网 10 口以内为宜，两口围网之间的距离应在 60 米以上。

（2）养殖操作　鱼种要符合 SC/T 2049.2 标准的规定。鱼种规格 100 克/尾以上，要求鱼体大小整齐，体形修长而匀称，鳞片完整，无伤、无病、无畸形，游动活泼。鱼种需检疫合格后投放。宜选择在 4 月中旬至 5 月上旬、水温 15～20℃的小潮汛期间、低平潮流缓时刻投放。气温较低的春季宜选择在晴好而无风天气的午后投放，气温较高的初夏宜选择在阴凉天气或早晚投放。100 克/尾规格鱼种的投放密度为 35 尾/米² 左右。投喂大黄鱼适口的浮性配合饲料，配合饲料应符合 NY 5072 规定。每天早上或傍晚投喂 1 次，日投饵率为鱼体总重的 1%～3%，越冬期间可隔天投喂 1 次，日投喂率 1% 以下。定期投喂添加维生素 C、免疫多糖的饲料以增强抗病力。

成鱼收成以市场需求为主，主要开展高规格、高品质的大黄鱼养成，平均收成规格在 700～800 克/尾。养殖周期 2～3 年。

（3）日常监测

①每月抽样测量体长、体重，调整投喂量。

②定期检测水温、盐度、pH、溶解氧、氨氮等指标。

③每天巡查网衣是否破损、锚绳是否牢固，及时修补漏洞。

④观察鱼苗的集群、摄食、病害与死亡情况，并做好记录。

⑤坚持"以防为主、防治结合"的原则，渔药使用应符合 NY 5071 规定。

2. 典型案例

宁德聚宝盆渔业科技有限公司大黄鱼管桩围网仿生态养殖（图 4、图 5）：养殖海域有着与深海相似的潮水走向和生态环境，圈围海域面积达 160 亩*，拥有 40 万米³ 的养殖水体，常年平均水深在 20～25 米。为开展高品质大黄鱼养殖，采取 3 000 尾/亩的低密度养殖，大黄鱼产量约 3 000 千克/亩，大黄鱼

＊　亩为非法定计量单位，1 亩≈666.67 米²。下同。——编者注

按照 200 元/千克价格计算，总产值约 9 600 万元，利润 100 万～150 万元/亩。该养殖模式下大黄鱼的品质更具竞争优势。

图 4　大黄鱼围网养殖案例（1）

图 5　大黄鱼围网养殖案例（2）

半滑舌鳎"鳎优 1 号"

一、品种简介

半滑舌鳎"鳎优 1 号"（图 1）品种登记号 GS-01-005-2021，是以渤海捕捞的野生半滑舌鳎和人工繁殖后形成的养殖群体为原始亲本，主要以生长速度和抗哈维氏弧菌感染能力为选育目标，采用家系选育、生长对比、抗病性能评价及基因组选择等技术经过 4 个世代选育而成。在相同养殖条件下，"鳎优 1 号"新品种具有抗病力强、生长快和养殖存活率高等优点，与未经选育的半滑舌鳎相比，抗哈维氏弧菌感染能力提高 30.9%，18 月龄鱼的体重平均提高 17.7%，养殖成活率平均提高 15.7%；此外，"鳎优 1 号"新品种苗种的生理雌鱼比例高达 40%左右。适宜在河北、山东、天津等沿海人工可控的海水水体中养殖。

图 1 半滑舌鳎"鳎优 1 号"

二、示范推广情况

半滑舌鳎"鳎优 1 号"近三年在山东、河北、天津、辽宁和福建等沿海地区进行了大规模的示范推广养殖，主要的养殖模式为工厂化循环水或流水养殖，养殖面积超过 150 万米^2。通过与国内多家大型育苗养殖企业合作，已经建立了半滑舌鳎"鳎优 1 号"新品种（图 2）的育繁推一体化推广模式。近几年，"鳎优 1 号"新品种的受精卵实现了全年批量化生产，年均产量达到 200 千克以上。半滑舌鳎养殖成活率从以往的不到 50% 提高到 70% 以上，年均总产值达到 10 亿元以上，成为中国水产育种领域中抗病育种的成功典范，也是我国"一条鱼带动一方渔业经济"的典范。

图 2 "鳎优 1 号"鱼苗

三、示范养殖模式

半滑舌鳎"鳎优 1 号"适宜进行工厂化流水养殖和循环水养殖，养殖管理等方法与普通半滑舌鳎基本一致。如果养殖用水来自室外沉淀池塘，要注意保持沉淀池水质清洁、稳定，定期对养殖水源进行消毒，结合益生菌制剂调节水质。此外，保证池底氧气充足是养殖成功的前提。

1. 技术要点

（1）鱼苗筛选 由于半滑舌鳎雌雄生长差异大，在养成过程中需要进行分苗，即将生长较慢的雄鱼苗挑选出来淘汰掉，只保留生长速度快的雌鱼进行养成。鱼苗生长至 3～4 月龄时，进行第一次淘汰，淘汰比例为 5%～10%；鱼苗生长至 5～6 月龄时，进行第二次淘汰，淘汰比例为 10%～20%；鱼苗生长至 7～8 月龄时进行第三次淘汰，淘汰比例为 20% 左右。尽量保持同一池中的鱼体大小基本一致，以保证饲料粒径的一致性和适口性，以免造成小规格鱼吃不了相对大粒径饲料，导致体质下降引起病害发生和蔓延。

（2）日常管理

水质条件：水温范围 15～26℃，最适水温 22～24℃；盐度 28～30 为宜；溶解氧 6 毫克/升以上；pH 7～8。此外，定期对水质进行检测，保证各项指标符合养殖用水标准。

放养密度：工厂化流水养殖条件下，全长 5～10 厘米，放养密度为 200～500 尾/米²；全长 10～15 厘米，放养密度 200～300 尾/米²；全长 15～20 厘米，放养密度 80～100 尾/米²。体重 50～300 克，放养密度 5～10 千克/米²；300 克以上至成鱼阶段，放养密度 10～15 千克/米²。在工厂化循环水养殖条件下，可以将密度适当提高 20%～30%，但要注意密度不宜过大，不要出现鱼在池底重叠的现象。

饵料投喂：根据生长情况调整饵料的粒径，50 克以下幼鱼日投喂量为鱼体重的 1%～1.5%，50 克以上时，日投喂量为鱼体重的 0.7%～1%。每天投喂 2～3 次，饱食为宜。投喂的饲料定期添加多种维生素、益生菌等，使鱼体保持良好的消化吸收状态，且这些添加剂有利于促进肝胆健康。

清洁管理：及时清除池中残饵粪便等污物，保持养殖池环境优良；重视清洁养殖池时的水体消毒工作，每次清扫前以高锰酸钾 1.5～2 毫克/升泼洒池壁及养殖水体 10～15 分钟，然后将池壁刷洗干净，顺水流清扫池底，使鱼苗不因脏污泛起糊鳃而造成细菌感染。

（3）主要病害防治方法　半滑舌鳎"鳎优 1 号"新品种抗病性强，在试验养殖和推广过程中尚未见严重病害发生。其常见和危害严重的病害是细菌性疾病，寄生虫病和病毒病也有少量报道，但是没有广泛传播。

①烂鳍烂尾病。主要症状：发病初期鳍条散开，充血发红；发病后期整个鳍边和尾部溃烂，甚至烂至肌肉组织，溃烂伤口红肿出血，个别的会慢慢愈合，影响鱼苗品质，溃烂严重时可引起死亡。主要防治方法：在分池、捕捞和运输时，操作应小心、轻柔，防止鱼体出现损伤；按时吸污和清洁池底，适当

加大换水量，保证养殖环境优良；发病时，先用 50～100 毫克/升的过氧化氢溶液（水产用）消毒清洗伤口，16～24 小时后在执业兽医师的指导下，按照说明书用量拌饵投喂抗菌药物，保持正常摄食即可恢复正常。

②溃疡病。主要症状：发病初期，体表鳞片部分脱落，严重时出现溃烂、尾部出血，造成败血症，经常并发肠炎和腹水。防治方法：养殖过程中合理控制苗种密度，保持水质新鲜，科学投喂饵料和定期消毒。发病时，将病鱼立即隔离，用聚维酮碘溶液（水产用）浸泡 1 小时消毒，24 小时后在执业兽医师的指导下，按照说明书用量拌饵投喂抗菌药物。

③肠炎和腹水症。主要症状：半滑舌鳎肠炎和腹水症的主要症状和其他鱼类相似，表现出活力下降、摄食减少、腹部隆起及内脏器官不同程度的充血、发炎、肿大等症状，尤其是肠壁变薄、充满积水，对腹腔造成压力，引起部分肠道脱垂。发生肠炎的病鱼消化能力受损，有白便。防治方法：针对此病，在养殖生产中应该以提前预防为主，分拣活力较弱或摄食不佳的病鱼，及时进行消毒。发病时，在执业兽医师的指导下用药治疗。在投喂的饲料中定期添加多种维生素、益生菌、保肝利胆药物等以保持良好的消化吸收能力。同时适当减少投饵量、降低养殖密度。

④烂鳃病。主要症状：患病舌鳎体色发黑，鳃丝肿胀、黏液增多、呈黏稠状腐烂，呼吸困难，在池底面贴合不稳，游动上浮于水面。防治方法：彻底清池消毒，保持水质良好。在执业兽医师指导下用药治疗。

⑤内脏结节病。主要症状：病鱼体质变弱，体色变浅，食欲减弱，游动无力，脾脏、肾脏和肝脏均有不同程度的肿大，有许多白色结节，严重时肾脏遍布结节，影响正常功能。防治方法：定期投喂免疫制剂，提高鱼体抗病力；及时清除病鱼，控制放养密度。

⑥病毒性疾病。目前报道的半滑舌鳎的病毒病主要为神经坏死病毒病，通常在苗种时期发病率高、死亡快、传播性强。主要症状：病鱼游动异常，不能伏底，全身大幅度波浪状浮动。病鱼体表无明显症状，因此在早期不易发现，到中后期发生大量死亡，无法控制。防治方法：在苗种期观察鱼苗状态，发现病鱼立即隔离，防止病毒传播。

2. 典型案例

当前，半滑舌鳎"鳎优 1 号"新品种的示范推广模式已经形成了保种企业受精卵订单式生产、育苗企业苗种批量化生产和养殖企业商品鱼规模化养殖的成熟模式。针对该模式，分别用三个典型案例进行介绍。

（1）半滑舌鳎"鳎优1号"受精卵全年订单式供应　唐山市维卓水产养殖有限公司位于河北省唐山市曹妃甸区，占地2万多米^2，是半滑舌鳎国家级良种场。该公司建有半滑舌鳎亲鱼培育车间、育苗育种车间（图3）和养成车间。自2018年与中国水产科学研究院黄海水产研究所陈松林院士团队开始合作，进行半滑舌鳎新品种培育和优质苗种推广工作。目前，作为"鳎优1号"新品种的培育单位之一，已经建立了半滑舌鳎全年人工繁育技术，主要包括"鳎优1号"亲鱼培育和筛选技术以及人工催产技术等，与国内超过50家半滑舌鳎育苗企业签订了受精卵批量化供应协议，订单式生产"鳎优1号"受精卵。近几年，"鳎优1号"新品种亲鱼年均保有量在2万尾以上，年均生产推广新品种受精卵200千克以上，新品种受精卵市场占有率达到60%以上，已经成为国内规模最大的"鳎优1号"新品种保种和推广基地。

图3　"鳎优1号"育苗车间

（2）半滑舌鳎"鳎优1号"苗种批量化生产和推广　潍坊市三新水产技术开发有限公司位于山东省潍坊市昌邑市下营镇，是山东省半滑舌鳎良种场。主营业务包括半滑舌鳎苗种生产和养殖，公司建有10余栋半滑舌鳎育苗车间，近几年主要进行半滑舌鳎"鳎优1号"新品种苗种规模化繁育和推广工作。每年引进"鳎优1号"新品种受精卵2~3批，进行规模化繁育。其中，2024年春季和秋季各引进"鳎优1号"受精卵1批，春季批次培育"鳎优1号"鱼苗

530 余万尾，秋季批次 550 余万尾，2024 年累计培育推广新品种苗种规模达到千万尾以上，成为国内少有的大型半滑舌鳎育苗企业。

（3）半滑舌鳎"鳎优1号"工厂化养殖 天津盛亿养殖有限公司位于天津市滨海新区杨家泊镇付庄村，占地面积 111.78 亩，现有工厂化流水和循环水养殖面积 35 600 米²，其中育苗车间面积 4 600 米²，原种车间面积 3 000 米²。主要从事半滑舌鳎等苗种繁育和养殖生产，拥有农业农村部水产健康养殖示范场、市级半滑舌鳎原种场、天津市"菜篮子"农产品稳产保供基地和国家海水鱼产业技术体系示范基地等称号。该公司生产的半滑舌鳎获得全国名特优新农产品"津沽鳎目"授权。近几年，该公司常年进行半滑舌鳎"鳎优1号"新品种的苗种繁育和成鱼养殖，0.5 千克左右的标鱼养殖周期 8 个月左右，2 千克以上大规格商品鱼养殖周期 1.5 年左右，养殖成活率达到 80% 以上，年均生产商品鱼达到 10 万千克以上。

金鲳"晨海1号"

一、品种简介

金鲳"晨海1号"（图1）品种登记号 GS-02-005-2022，原始母本卵形鲳鲹为海南晨海水产有限公司于1996年7月从广东引进，并经连续15年3代选育的基础群体；原始父本布氏鲳鲹为海南晨海水产有限公司于1995年8月从台湾引进，并经连续16年4代选育的基础群体；杂交金鲳 F_1 为上述雌性卵形鲳鲹与雄性布氏鲳鲹经种间远缘杂交获得的后代。以雌性卵形鲳鲹与雄性布氏鲳鲹杂交制备的杂交金鲳 F_1，较普通卵形鲳鲹而言，具有生长速度快（快18％～25％）、怀卵量大（平均多0.12千克）、年产卵次数多（多1～2次）等特点；通过可育的雌性杂交金鲳 F_1 与雄性卵形鲳鲹回交，获得了具有明显杂交优势的金鲳"晨海1号"。与其他金鲳品种相比，"晨海1号"最大的优势是生长速度快，在相同养殖条件下，平均生长速度提高20％～30％。与母本和父本相比，4月龄体重分别提高14.9％和23.6％。不仅具有显著的生长优势，其养殖存活率也得到明显提高，在相同养殖条件下，规格整齐，成活率达82％以上。

二、示范推广情况

金鲳"晨海1号"适宜在沿海地区人工可控的海水水体中养殖，如池塘养殖、网箱养殖。金鲳"晨海1号"的养殖存活率高，达82％以上，网箱养殖每立方米水体产量可达15～20千克，进一步提高了养殖户的经济效益。近三年在海南、广东、广西、福建等沿海地区推广苗种养殖超2.5亿尾。金鲳"晨

图 1　金鲳"晨海1号"

海1号"的示范推广，也在快速地助力金鲳产业的发展壮大，商品鱼除供应华南沿海几个省份外，还销售到华北、华东、华中等内陆地区，已成为水产品消费市场海水养殖鱼类的重要品种。

三、示范养殖模式

（一）网箱养殖模式

网箱养殖是一种高效的海水养殖方式，能充分利用海洋空间资源，在有限的海域面积内养殖大量金鲳。通常采用浮式网箱或高强度聚乙烯（PE）制成的深水网箱，网箱内水体流动，溶解氧丰富，水质较好，更接近金鲳自然生长环境，有利于其生长发育，提高鱼体品质。

1. 技术要点

（1）养殖条件

①水域条件。宜选择有岛礁屏障的海湾，风浪较小、水流通畅，海底地势平缓，底质为泥质或泥沙质；选择传统木排要求水深8米以上；海水流速小于1.0米/秒，流向平直而稳定，采用挡流、分流等措施后网箱内流速小于0.8米/秒；周围无直接工业"三废"及农业、生活等污染源。

②水质要求。水温：20～32℃；盐度：3～35；透明度：1米以上；pH：7.5～9.0；溶解氧含量：4毫克/升以上。

③网箱设置。常采用浮式网箱，一般由聚乙烯材料制成的网线编结而成，苗期选用6米×6米×6米的木排，成鱼期选用13米×13米木排或者直径60米的圆形深水网箱，可单个网箱单点固定，或多个网箱组成网排，网排间距一

般要求在 3 米以上。

（2）鱼苗培育

①鱼苗选择。挑选体质健壮、规格均匀整齐、体表干净黏液少、色泽明亮、无损伤、作集群逆水游泳、抢食快速的苗种。

②放养规格。鱼种放养前，按 NY 5071—2002 使用准则对鱼体进行消毒。选择潮流平缓时放养。低温季节选择在晴好天气的午后，高温季节宜选择阴凉的早晚进行。放养密度应根据海水水质环境条件、养殖技术和日常管理水平、饲料来源及产量和规格等情况来决定。每口网箱放养的苗种规格要一致，一般放养规格 3 厘米的苗种。

③放养密度。放养密度在 300 尾/米^3 左右，避免密度过高影响生长。

④鱼苗期饲养（3～10 厘米）。

A. 驯化。金鲳"晨海 1 号"幼鱼阶段前期主要投喂绞碎的新鲜小杂鱼，拌以少量人工配合饲料鳗鱼粉驯化投喂，小杂鱼和鳗鱼粉比例 3∶1。随着幼鱼长大，慢慢降低小杂鱼比例，增加鳗鱼粉投喂量，最终以鳗鱼粉完全替代小杂鱼进行投喂。幼鱼 3 厘米以后，开始投喂海水膨化饲料开口料，根据鱼体大小逐步增大饲料粒径。

B. 投喂时间和次数。放苗第 2 天开始投喂。

3～6 厘米鱼苗：每天投喂 6 次，上午三次、下午三次；

4～6 厘米鱼苗：每天投喂 5 次，上午两次、中午一次、下午两次；

6～10 厘米鱼苗：每天投喂 4 次，上午两次、下午两次。

具体投喂时间根据流水、天气情况安排。投喂应选择大潮水的停潮期或者小潮水期，尽量避免流水过急导致饲料冲出围料网造成浪费。

C. 投饲量。金鲳鱼苗阶段投料遵循"少量多餐"原则，25℃水温条件下，日投喂量为鱼体重的 10%～20%，鱼类的饱食率控制在 70%～80%。小潮汛多投，大潮汛少投；透明度大时多投，透明度小时少投。使用配合饲料的初期需要将饲料用水泡软后再投喂。

D. 筛鱼分级。幼鱼长到 6 厘米后，进行第一次筛鱼分级，用 1.2 寸网筛苗，筛上鱼进 1 寸网，筛下鱼进 8 分网，放养密度 50～80 尾/米^3。幼鱼长到 10 厘米后，进行第二次筛苗分级，用 2.2 寸网筛苗，筛上鱼进 2 寸网，筛下鱼进 1.8 寸网，进入大网成鱼养殖期，放养密度 20～25 尾/米^3。异常情况停止所有刺激性操作。

（3）成鱼养殖（规格 10 厘米至商品鱼上市）

①投喂时间和次数。每天投喂 3 次，分早上、中午、下午投喂。投喂应选择大潮水的停潮期或者小潮水期，尽量避免流水过急将饲料冲出围料网造成浪费。投料不能一次性倒入，应分 3～4 次倒入，防止投料过多和饲料在水中浸泡时间长造成营养流失。

②投饲量。成鱼养殖阶段的日投喂量为鱼体重的 3％左右。

（4）防逃逸措施

①鱼苗防逃逸措施。

A. 养殖网箱的网衣应选择材质较好的聚乙烯、尼龙等柔性材料的网衣。

B. 做好鱼排及网衣的固定工作，避免出现网衣脱落等情况。

C. 渔网网目的选择视鱼苗规格而定，确保网眼直径小于鱼苗规格。

D. 在养殖网箱外围多布设一层网衣，进行双层防护。

E. 定时清洗网衣，去除网衣上残留的附着物，检查网衣是否破损。

F. 如遇恶劣天气，应及时转移至陆地与风浪较小处规避风险。

G. 养殖达到上市规格时，应全部捕捞上岸出售，避免养殖至性腺发育成熟。

②成鱼防逃逸措施。

A. 网箱选择用材质较好的聚乙烯、尼龙等柔性材料制成，并做好加固工作。

B. 在种鱼养殖网箱增设一层网罩，多布设一层网衣，进行双层防护，防止种鱼逃逸。

C. 定时清洗网衣，去除网衣上残留的附着物，检查网衣是否破损。

D. 如遇恶劣天气，应及时转移至陆地与风浪较小处规避风险。

E. 种鱼应于陆地的保种区养殖，在产卵季节再转移至海上养殖区，产卵结束后应及时转移至陆地的保种区养殖。

（5）日常管理

①巡查。

A. 养殖过程中做好网箱的日常检查工作，定期安排潜水员对网箱安全情况进行观测检查。

B. 当灾害性天气到来之前，应在网箱上加盖网具，检查和调整框架、锚、桩索的牢固性，加固网箱的拉绳和固定绳；尽量清除网箱框架上的暴露物；养殖人员、船只迁移至避风港。

C. 在强风暴过后应及时检查网箱的受损情况，及时修复保证生产。

D. 及时清除垃圾和大型漂浮物。

② 检测与记录。每天做好养殖日志，记录天气、风浪、水温、盐度、pH，投喂饲料的种类、数量，鱼的活动、摄食情况、健康状况，病害防治情况（死鱼病鱼数量、用药情况）等。每天开展网箱安全程度的观察和检测；定期随机取样测量体长和体重。

2. 典型案例

海南省三亚市海南晨海水产有限公司投建崖州湾海上渔场，建设 76 口周长 90 米的深海重力式网箱（图 2），渔场面积 140 公顷，立体养殖面积为 74 亩，养殖金鲳"晨海 1 号"品种。金鲳"晨海 1 号"一年亩产量为 3.5 万～4 万千克，单价为 30～35 元/千克，一年的亩产值为 100 万～140 万元，经济效益较好。金鲳网箱养殖具有环境适应性强、管理方便、经济效益高的优点，可以在有限的水域空间内实现高密度养殖，提高单位面积的产量，是一种高效、可持续的水产养殖方式。深海网箱内水体流动性好、水质清新，有助于减少病原滋生。网箱内活动空间相对较大，溶解氧丰富，更接近金鲳自然生长环境，有利于金鲳"晨海 1 号"的快速生长，缩短养殖周期。网箱相对独立的养殖空间，一定程度上减少了疾病在不同养殖区域之间的快速传播。在优良的养殖环境、合理的养殖密度、科学的饲养管理和技术应用下，未有疾病发生，不使用抗生素，鱼体品质高，充分保证了鱼产品的质量安全。金鲳本身市场需求大，市场上品质优良的金鲳更受消费者青睐，价格也相对较高，进一步提高了养殖的经济效益。

（二）池塘育苗及小规格商品鱼养殖模式

池塘养殖靠近海岸建池，养殖环境相对稳定，分池管理，池塘水体相对封闭，受外界环境干扰较小，水温、盐度等水质条件更容易控制，能为金鲳提供较为稳定的生长环境，有利于鱼体的生长和发育，便于养殖户进行日常的投饵、巡塘、疾病防治等管理工作，相较于网箱养殖，在捕捞、分塘等操作上也更加方便。池塘养殖可以通过合理规划养殖密度、优化水质管理等措施，在一

图 2 金鲳网箱养殖案例

定程度上降低养殖风险。

1. 技术要点

（1）养殖条件

①池塘选址。选择靠近海岸、水源充足、水质良好且无污染、排灌方便的地方建池，盐度保持在 10～30，pH 7.5～8.5。

②池塘规格。池塘最好呈长方形，面积一般为 5～10 亩，水深 1.5～2.5 米，坡比 1∶2.5，池底平坦，淤泥较少。

③水质要求。水体溶解氧≥5 毫克/升，氨氮≤0.2 毫克/升，亚硝酸盐≤0.1 毫克/升。

④池塘准备。

清塘消毒：放养前彻底清塘，清除淤泥和杂物，用生石灰或漂白粉消毒，杀灭病原体和敌害生物。

进水与肥水：消毒后进水，水深 1～1.5 米，施用有机肥或化肥肥水，培养浮游生物作为天然饵料。

（2）鱼苗培育

①鱼苗选择。挑选体质健壮、规格均匀整齐、体表干净黏液少、色泽明亮、无损伤、抢食快速的苗种。

②放养规格。鱼种放养前，按 NY 5071—2002 使用准则对鱼体进行消毒。低温季节选择在晴好天气的午后，高温季节宜选择阴凉的早晚进行。一般放养规格 3 厘米的苗种。

③放养密度。放养密度在 600 尾/米^3 左右，避免密度过高影响生长。

④鱼苗期饲养（3～10 厘米）

A. 驯化。金鲳幼鱼阶段前期主要投喂绞碎的新鲜小杂鱼，拌以少量人工配合饲料鳗鱼粉驯化投喂，小杂鱼和鳗鱼粉比例 3：1。随着幼鱼长大，慢慢降低小杂鱼比例，增加鳗鱼粉投喂量，最终以鳗鱼粉完全替代小杂鱼进行投喂。幼鱼 3 厘米以后，开始投喂海水膨化饲料开口料，根据鱼体大小逐步增大饲料粒径。

B. 投喂时间和次数。放苗第 2 天开始投喂。

3～6 厘米鱼苗：每天投喂 6 次，上午三次、下午三次；

4～6 厘米鱼苗：每天投喂 5 次，上午两次、中午一次、下午两次；

6～10 厘米鱼苗：每天投喂 4 次，上午两次、下午两次。

C. 投饲量。金鲳鱼苗阶段投料遵循"少量多餐"原则，25℃水温条件下，日投喂量为鱼体重的 10%～20%，鱼类的饱食率控制在 70%～80%。使用配合饲料的初期需要将饲料用水泡软后再投喂。

D. 筛鱼分级。幼鱼长到 6 厘米后，进行第一次筛鱼分级，用 1.2 寸网筛苗，筛上鱼转塘养殖，放养密度 50～80 尾/米^3。幼鱼长到 10 厘米后，进行第二次筛苗分级，用 2.2 寸网筛苗，筛上鱼进入大塘成鱼养殖期，放养密度 20～25 尾/米^3。异常情况停止所有刺激性操作。

（3）成鱼养殖（规格 10 厘米至商品鱼上市）

①投喂时间和次数。每天投喂 3 次，分早上、中午、下午投喂。低温下雨天少投喂，晴天气温高时多投喂。投料不能一次性倒入，应分 3～4 次倒入，防止投料过多和饲料在水中浸泡时间长造成营养流失。

②投饲量。成鱼养殖阶段的日投喂量为鱼体重的 3% 左右。

（4）日常管理

①定期换水。每周换水 1～2 次，每次换水量为池塘总水量的 20%～30%，保持水质清新。

②增氧措施。配备增氧机，尤其在高温季节或阴雨天气要及时增氧，确保水体溶解氧充足。

③水质监测。定期检测水质指标（如溶解氧、氨氮、亚硝酸盐等），及时调整管理措施。

④巡塘管理。早、中、晚至少巡池3次，观察金鲳的摄食、活动、生长状况，检查排水口过滤器，观察水质变化，发现问题及时处理。

2. 典型案例

海南省陵水县陵水晨海种业有限公司投建陵水县水产南繁苗种产业园，园区养殖面积300亩，建有室外生态池塘和苗种繁育车间，金鲳苗种繁育能力及育种创新能力遥遥领先，获批海南省金鲳良种场（图3、图4）。年产金鲳"晨海1号"鱼苗约2 000万尾，平均单价约为0.5元/尾，年产值约为1 000万元。苗种销售至海南、广东、广西、福建等沿海地区，保障市场良种供应。为当地150多个农民提供就业岗位，人均收入4万元以上，带动农户增收致富。

图3　金鲳池塘育苗

图4　金鲳小规格商品鱼养殖模式

虹鳟"水科1号"

一、品种简介

虹鳟"水科1号"（图1）品种登记号 GS-01-001-2021，以美国加州、美国道氏、丹麦、挪威、渤海品系等 5 个不同虹鳟养殖品种通过完全双列杂交方式建立基础群体，利用 BLUP 育种模型指导的虹鳟家系选育技术，采用 PIT 标记所有个体，根据家系生长性能，运用混合模型估算育种值进行选育，经过连续 4 代选育，获得具有生长速度快的新品种。在相同养殖条件下，与未经选育的虹鳟相比，生长速度平均提高 21.9%，养殖成活率提高 8.57%，适宜在我国虹鳟主产区人工可控的淡水水体中养殖。

图1　虹鳟"水科1号"新品种

二、示范推广情况

虹鳟"水科1号"新品种已在黑龙江、新疆、四川、云南、青海、甘肃、山东等虹鳟主养区开展推广示范，累计推广优质发眼卵超 1 000 万粒，流水集约化养殖面积超 1 500 亩，在虹鳟主养区良种覆盖率达到 30% 以上。流水养殖过程病害少，成鱼商品性能好，肌肉品质高，社会、经济、生态效益显著。

该品种在全国各地流水池塘、大型湖泊、水库、深远海网箱等均可养殖，全国具有冷水资源的地区均可开展繁育，通过该品种的推广应用能够有效解决我国虹鳟市场上小群体自繁导致的生长速度慢、抗逆性能差、早熟等种质匮乏问题，对我国鲑鳟鱼类养殖业产能和品质的提升起到了积极的促进作用。

三、示范养殖模式

（一）池塘养殖模式

池塘养殖（图2）虹鳟，养殖池是养殖冷水性鱼类最基本的设施。冷水性鱼类是采用流水式养殖方式进行养殖，即由水源将水引入，经进水通道（可采用渠或管道进水）注入养殖池，再排入后部排水渠。使用河水或溪流水养殖，一般在上游修筑拦河水坝，把水位提高后经进水渠注入养殖池，用过的水由排水渠返回河水中。

图 2　池塘养殖模式

1. 养殖设施

国内目前主要采用的鱼池结构有混凝土、浆砌石池。水泥池造价高，适于高密度养殖，便于管理和清污。土池占地面积大、造价低、管理不便和清污困难，适于密度较小的养殖。

鱼池的数量主要根据可以提供的水量确定，一般 10 升/秒的供水量可建 100 米^2。小型养殖场最少要有 2 个鱼池，一般都应建 3～5 个鱼池。根据养殖目的，池塘可分为稚鱼养殖池、商品鱼养殖池和亲鱼培养池。稚鱼池面积30～90 米^2，水深 20～40 厘米；商品鱼池面积 100～200 米^2，水深 60～80 厘米；亲鱼培育池面积 150～300 米^2，水深 70～80 厘米。鱼池的深度要高于水面

20～30 厘米。

2. 养殖技术

(1) 仔鱼培育（隔离室）（体重 0.1～0.5 克）　破膜孵出经 340 度日后，卵黄囊逐渐吸收 80％，体表黑色素增多，游动能力增强，可以浮上平游，此时称其为虹鳟"水科 1 号"上浮仔鱼。通常需要两周饲养期，放养密度为每平方米 1 万尾（平列槽），每日投喂率 7％（饱和投喂），保持养殖设施卫生，及时清理粪便残饵，水流 1～2 厘米/秒，水温 8～10℃，溶解氧不低于 7 毫克/升。

(2) 稚鱼培育（隔离室）（体重 0.5～1 克）　在平列槽中饲养稚鱼 2 周后移入稚鱼池中，亦可直接放入稚鱼池中饲养。稚鱼池应设置在上水流，鱼池宽 1.5～2.5 米，长 15 米或 20 米，池高 50～60 厘米。在排列上以并联为好，可保证新注的水一次性利用。若上浮稚鱼数量多，稚鱼池不足，亦可直接移入成鱼池中饲养。池水深度控制在 20 厘米左右，饲养密度为 5 000 尾/米²，注水流量为 1 升/秒。

(3) 鱼苗放养前处理（室外）　鱼苗放养前应干塘晾晒 10 天以上。鱼苗放养前 10 天加水，每亩水面用生石灰 150 千克化浆后全池泼洒。鱼苗游动活泼集群，体质健壮，无损伤、无疾病、无畸形，不得带有传染性疾病和寄生虫。鱼苗下塘时水温差应控制在 2℃以内，选择在晴天进行，下塘地点在池塘的进水口处。

(4) 鱼苗室外培育（体重 1～2 克）　鱼苗下池后，建议使用进口饲料，以提高仔鱼的成活率，而且饵料系数均低于 0.8。在稚鱼培育过程中，需每 2 周进行一次测定采样。每个池随机采样 200～300 尾鱼，测定平均体重，然后计算日投饵量。整个苗种培育期间，生产中所用的工具应定期消毒，不同池塘工具禁止交叉使用，消毒用 10％聚维酮碘溶液 200～300 毫克/升浸泡。定期清除池底的残饵、鱼粪，减少病原体的滋生。按时测量鱼的生长情况，根据鱼的大小进行筛选、分养，更换大粒径饵料，确定投饵率。注意观察鱼的摄食和游泳情况，发现病情及时处理。

(5) 鱼种培育　选择虹鳟鱼种专用配合饲料，使用的饲料必须符合《无公害食品　渔用配合饲料安全限量》的要求。不得使用受潮、发霉、生虫、污染、腐败变质的饲料。每次投喂以达到八分饱即可，鱼体规格 2～10 克时每天投喂不低于 4 次，10 克以上每天投喂不低于 2 次。同时还应对鱼类吃食情况进行检查。在 7—8 月高温季节或阴雨低气压天气，应注意饲养水体溶解氧变化，如发现水中溶解氧低于 6 毫克/升或发现鱼有浮头征兆，应减少投饵量，加注新水，开增氧机增氧。每天坚持巡塘，观察鱼摄食和生长情况，测量水温、水质。每 14 天检查一次鱼体生长情况，调整一次日投饵量。

（6）商品鱼养殖　虹鳟的商品鱼饲养是指将 50 克左右鱼种在适宜环境条件下，培育成体重为 600～1 000 克成鱼。鱼种放养前进行消毒处理，如用 1.5%～2% 盐水溶液浸浴 15～30 分钟，同时剔除病鱼、伤残鱼。操作时水温温差应控制在 2℃ 以内。所投配合饲料中动物性饲料占 30%～40%，植物性饲料占 60%～70%。投喂量应根据不同季节不同水温按饲养水体鱼体总量的比例计算。每天投喂不低于 2 次；水温低于 6℃ 时日投喂不低于 1 次。经一段时间饲养后，特别是在密度接近饱和的饲养条件下，对于成长快已达到食用鱼规格的个体，及时筛选出售。观察水质变化、鱼的摄食情况和天气状况，及时调整饲料投喂量。发现问题迅速采取加注新水、启用增氧机等措施。

3. 典型案例

黑龙江钻心湖渔业有限公司位于黑龙江省宁安市，钻心湖虹鳟鱼场建成养殖面积 9.5 万米^2，有建筑面积 3 980 米^2，育苗水体 12 000 米^2，包含种苗池、后备亲本池、亲本池、暂养池、生产车间、冷库等，其中种鱼苗种培育水体 3 000 米^3，已具备完整的现代化冷水性鱼繁育设备设施。截至目前已生产虹鳟苗种 300 余万尾，养成商品虹鳟 5 万余千克。

（二）西北库湾养殖模式

我国西北地区库湾网箱养殖发展已相对成熟。该模式（图 3）利用水库优质的冷水资源，依托自主设计建造的节能环保型大网箱为载体，集成水质在线监测、生产过程可追溯管理、综合管理保障、公共服务等信息化系统，以虹鳟"水科 1 号"为种质基础制备的全雌三倍体大规格虹鳟为主要养殖对象，在新疆、青海、甘肃等高原地区创建了库湾智能化生态型网箱养殖模式。

1. 养殖设施

网箱装置由网箱框架、网衣、固定装置组成，圆形网箱直径可达 60 米以上，深超 15 米，随着智能化和自动化的发展进步，养殖网箱逐渐增添新装备，如智能投饵机，根据程序设定，能够实现定时、定量、定点投喂，提高投饵效

图 3   西北库湾养殖模式

率和准确性，减少人工劳动强度；智能水质监测设备，实时监测溶解氧、pH、温度、酸碱度等关键参数，以便及时掌握水质变化情况，并采取相应的措施进行调整和改善，确保鱼类生长在适宜的水质环境中；网衣清洗机器人，准确无死角清洗网衣附着废物，确保网孔通畅，保持水交换能力。

2. 养殖技术

网箱养殖可培育不同规格虹鳟，规格在 20～40 克投放密度为每立方米水体 3～5 千克，规格在 200～250 克投放密度为每立方米水体 8～10 千克。鱼种投放之前进行消毒处理，检查健康状况，筛选出病鱼、伤残鱼。根据养殖密度与规格投放适宜饵料，每天投喂不低于 2～3 次，根据生长及摄食情况适当优化调整。实时监测养殖水环境参数，根据温度、溶解氧、光照强度制订最佳投饵策略。

3. 典型案例

新疆天蕴有机农业有限公司位于新疆维吾尔自治区尼勒克县，是农业产业化国家重点龙头企业、高新技术企业国家水产种业阵型企业，依靠伊犁河谷丰富的冷水资源，开展规模化大水面网箱生态养殖，养殖水面达 14.68 万亩，年产能 1.2 万吨。同时开创了大水面生态环保网箱养殖模式，首次编制绿色生态环保网箱地方标准，研发出国内首个大水面生态网箱水下清污机器人。该公司通过科技创新，实现了好水养好鱼、构建全产业链、持续促进农牧民增收等目标。

（三）深远海网箱养殖模式

深远海网箱养殖（图 4）近年来已被公认为未来养殖产业发展的主流模式

之一，我国黄渤海海域拥有丰富的冷水资源，财金"海上粮仓壹号"、"经海系列"网箱的成功实践已证实虹鳟深远海养殖的可行性。目前我国深远海养殖模式还处于探索阶段，随着网箱制造工艺升级、适海智能设备研发应用、鱼种养殖技术、物流运输、加工工艺等技术的不断突破，未来有望成为全球深远海养殖的领先者，为渔业可持续发展和海洋经济贡献力量。

图4 深远海网箱养殖模式

1. 养殖设施

国内目前养殖鲑鳟鱼的深远海养殖装备主要有"深蓝1号"、"深蓝2号"、财金"海上粮仓壹号"和"经海系列"网箱。其中"经海系列"是坐底式深水智能网箱，长宽各为60米，设计产能1 000吨/年。"深蓝1号"是我国首座自主研制的大型全潜式深海智能网箱，网箱周长180米，高38米，设计产能1 400吨/年，可同时养殖30万尾鱼。"深蓝2号"是"深蓝1号"的升级版本，网箱总高度71.5米，直径70米，全潜状态下养殖水体达9万米^3，是目前我国离岸最远、适用水深最深、养殖水体最大的养殖装备。财金"海上粮仓壹号"单口网箱长89米，宽45.5米，高35.9米，设计产能1 000吨/年。深远海养殖网箱均搭配了环境监测系统、智能投喂系统、水下监测系统等智能设备，可实现养殖全过程的智能作业、数字化管理和信息追溯。

2. 养殖技术

依靠虹鳟"陆海接力"养殖模式，以虹鳟为主导品种，首次在国内实现虹鳟陆基长距离转运和大规格苗种高效海水驯化，驯化后苗种生长至1千克时转运到海水网箱养殖，运输和盐化成活率达到90%以上。网箱养殖采用自动化模式，采用投饵机定时全方位投喂饲料，搭配水下聚鱼灯，夜晚为鱼群提供野生饵料，起到降低饵料系数作用。经6个月养殖成活率高达93%以上，越冬成活率高达 99% 以上，高温期度夏成活率达到 88%，该养殖模式覆盖黄渤海区域，养殖密度为每立方米水体不超过 15 千克。

3. 典型案例

山东财金万泽丰海洋科技有限公司位于山东省日照市，该公司有具自主知识产权的国内第一艘养殖工船、世界第一个大型全潜式深远海智能网箱"深蓝1号"。目前实施日照万泽丰海洋牧场三文鱼产业科创基地项目，总投资达 10 亿元，主要包含 6 个可移动多边形柱稳式坐底养殖网箱财金"海上粮仓壹号"系列、三文鱼科创中心。项目建成后，将成为全国最大的全潜式深远海三文鱼养殖集群式网箱，是目前国内三文鱼海水养殖规模最大、技术最先进、产量最高的三文鱼海水养殖项目之一。

烟台经海海洋渔业有限公司位于山东省烟台市，该公司以创领中国现代海洋渔业全产业链模式为发展目标，整合国内外优质海洋产业链资源，统筹打造"陆-海-岛"一体化发展模式。该公司在烟台南隍城岛拥有 8.5 万亩海域，目前已投放 8 座智能网箱。"经海系列"网箱配备有先进的环境监测设备、自动投喂设备、网衣清洗机器人、养殖大数据平台等先进设施设备，目前已取得 CCS 入级证书。

（四）陆基循环水养殖模式

循环水养殖系统（图 5）采用一定的工程设施和水处理设施设备将养殖水实现循环利用，通过构建标准化养殖管理技术，对养殖过程的主要环境因子和饲料等进行人工调控，为养殖生物提供适宜生长的环境条件。循环水养殖系统不受地理位置、环境变化的影响，可实现同一物种在不同地区全流程可控养殖。循环水系统作为陆地上最高效、智能、环保的养殖模式，在全球已有许多成功案例，其中 Nordic 在浙江宁波象山成功运营大西洋鲑循环水养殖工厂；挪威 Hima Seafood 公司正建设全球最大的虹鳟循环水养殖工厂，总投资超 2.3 亿美元。

1. 养殖设施

循环水养殖系统由养殖单元、水处理单元、温控单元、供氧单元、控制单元等组成。养殖单元可分为苗种养殖、幼鱼养殖、成鱼养殖，对应养殖缸尺寸不同。水处理单元包括转鼓微滤机、沉淀池、滴滤池、曝气池、紫外杀菌等设备。温控单元包括冷水机和热泵。供氧单元包括鼓风机、液氧、氧锥、氧砖等设备。

图 5 陆基循环水养殖模式

2. 养殖技术

循环水养殖虹鳟关键在于对水质的调控，通过水处理单元使关键水质参数始终保持在最适范围内，如溶解氧高于 5 毫克/升，温度保持在 15℃，氨氮浓度低于 0.02 毫克/升，亚硝酸盐浓度低于 0.1 毫克/升，系统每天换水量为 5%，定时定量投喂饲料。

3. 典型案例

本溪艾格莫林实业有限公司位于辽宁省本溪市，是一家专注于可持续水产养殖技术研发的科技公司，拥有 10 万米² 的孵化场土地，并拥有一处丰富的冷泉资源，流量 0.5 米³/秒。该冷泉常年水温 10～12℃，溶解氧 7～8.3 毫克/升。该公司研发了自清洁渠道式循环水养殖系统，即通过侧给水和底排水结合设计实现了自清洁，结构简单紧凑而功能强大，同时利用高效水泵将养殖成本大幅降低。目前该公司是辽宁省鲑鳟鱼良种场、省科技型企业、省水产龙头企业。

异育银鲫"中科 3 号"

一、品种简介

异育银鲫"中科 3 号"（图 1）品种登记号 GS01-002-2007，是在鉴定出可区分银鲫不同克隆系的分子标记，证实银鲫同时存在雌核生殖和有性生殖双重生殖方式的基础上，利用银鲫双重生殖方式，从高体型（D系）银鲫（♀）与平背型（A系）银鲫（♂）交配所产后代中筛选出少数优良个体，再经异精雌核发育增殖，经多代生长对比养殖试验评价选育而成。在相同养殖条件下，异育银鲫"中科 3 号"比高背鲫生长快 13.7%～34.4%，出肉率高 6%以上，成活率平均提高 20%以上。适宜在全国各地人工可控的淡水水体中养殖。

图 1　异育银鲫"中科 3 号"

二、示范推广情况

异育银鲫"中科 3 号"广泛应用于池塘、水库、网箱、稻田、盐碱地、陆基推水集装箱等多种养殖模式中，近三年在全国 20 多个省、自治区和直辖市推广养殖，年养殖面积超过 100 万亩，亩增产 15%以上，年新增总产值 160

亿元以上。利用稻渔综合种养模式，异育银鲫"中科 3 号"积极助力福建、宁夏等地乡村振兴。利用陆基推水集装箱养殖等模式，为淡水鱼类提质增效和品牌创建提供了成功案例。

三、示范养殖模式

（一）高效池塘养殖模式

池塘养殖是指利用人工开挖或天然的池塘进行水产经济动物养殖的一种生产方式，是人们通过水产苗种和相关营养物质投入，干预和调控影响养殖动物生长的环境条件，以期获得最大产出的复杂的系统活动，有传统的淡水养殖池塘、山塘和盐碱地池塘等多种模式。目前，全国各地都对池塘进行标准化改造，通过池塘清淤、池形修整、护坡建设以及进排水系统改造，并辅助水质管理、生态系统构建及安全防护，提升池塘的养殖效率和水生态环境质量，实现池塘的可持续利用和发展。异育银鲫"中科 3 号"为杂食性鱼类，生长速度快、适应性强，池塘养殖是异育银鲫"中科 3 号"最主要的养殖模式。

1. 技术要点

（1）养殖条件　异育银鲫"中科 3 号"养殖一般选择面积为 10～15 亩的池塘，有条件的地方可以选择面积更大的池塘。池塘要有充足的水源，水质符合渔业养殖标准，并定期进行水质监测。池塘有独立的进排水系统，且进排方便，池底平坦，底质以沙质土最好，淤泥厚度控制在 20 厘米以内，保水及保肥性能良好。池塘最好保证 2.0～2.5 米水深，每亩配备功率为 0.5～1 千瓦的增氧设备，并根据池塘的大小配置自动投饵机。

（2）养殖操作　异育银鲫"中科 3 号"鱼种放养前需进行彻底的池塘清塘消毒，在鱼种放养前一周采用 100～150 千克/亩的生石灰清塘消毒，消毒后2～3 天、鱼种放养前 7～10 天开始注水。

在主养模式中，一般每亩放养 25～50 克/尾的异育银鲫"中科 3 号"冬片鱼种 2 000～3 000 尾，并搭配放养 100 克/尾左右的鲢 300 尾和鳙 100 尾。混养模式中，可以与鲂、四大家鱼等多种鱼类混养，放养品种的比例根据实际情况确定。在鱼种下塘前需要用 2‰～3‰食盐、20 克/米³高锰酸钾或者 0.2 克/米³聚维酮碘进行消毒，以防止外来病原进入池塘。

选择粗蛋白质含量 30%～35%的鲫专用饲料投喂异育银鲫"中科 3 号"，

饲料投喂采用自动投饵机，按"四定"的原则进行，并根据水温变化和异育银鲫"中科3号"的不同生长阶段特点调整日投饵率和投饵次数。

（3）日常管理　每日早晚各巡塘1次，观察天气、水质和鱼的活动与摄食等情况，及时清除杂物，发现异常及时处理。一般每月换排水2～3次调节水质，每次换排水量15～20厘米。用增氧机增氧调节水质，一般晴天中午或下午开机1～2小时，阴天上午开机，水体缺氧连续开机。病害防控坚持预防为主的原则，发现鱼病应及时诊断和治疗，药物使用应符合最新版《水产养殖用药明白纸》的规定。

2. 典型案例

黄石富尔水产苗种有限责任公司（图2）是湖北省省级异育银鲫良种场，现有精养鱼池1 600余亩，以养殖异育银鲫为主。选择面积16亩池塘以混养模式开展异育银鲫高效养殖，投放异育银鲫"中科3号"鱼种23 000尾、杂交鲌"先锋1号"20 000尾、鳙"中科佳鳙1号"1 000尾、长丰鲢1 600尾、青鱼800尾。经7个月养殖，收获异育银鲫"中科3号"10 500千克、杂交鲌"先锋1号"9 500千克、青鱼3 500千克、花白鲢3 250千克，投喂颗粒饲料和膨化饲料50吨，亩利润8 000元，取得较高经济效益，提升了周边鲫鱼养殖规模。

图2　黄石富尔水产苗种有限责任公司养殖基地

（二）稻鲫生态养殖模式

稻渔综合种养是基于稻田生态系统内营养物质及人工补充投喂的肥料和饲

料生产稻谷和水产品，实现水稻种植与水产养殖耦合的一种生态农业生产方式，长期实践证明该模式是一种环境友好型水产养殖模式。异育银鲫"中科3号"属于杂食性鱼类，具有生长速度快、适应性强等优点，非常适合在稻田养殖，它可以摄食稻田中的杂草、浮游生物，以及对水稻有害的害虫，同时产生的粪便和未利用饲料可作为水稻的肥料。因此，稻鲫生态养殖不仅可以实现水稻增产，还可额外生产获得异育银鲫"中科3号"商品鱼，产生显著的经济效益。

1. 技术要点

（1）养殖条件　稻鲫生态养殖区域水源充足，排灌方便，水质清新无污染，符合淡水养殖用水水质要求。稻田田块保水及保肥性能好，土壤最好为肥力较高的黏土或壤土，开挖鱼沟和鱼溜，面积合计不超过稻田面积的10%。田埂需加固加高，应高于田面0.8～1.2米。进、排水口分别位于稻田两端，并安装拦鱼设施。

（2）养殖操作　鱼种投放前，用3%～5%的食盐水消毒，浸洗5～10分钟。在冬片鱼种养殖模式中，在水稻栽插后1周左右投放规格为2～3厘米的夏花鱼种，放养密度为800～1 000尾/亩，秋冬季鱼种收获规格为50克/尾以上，预计产量40～50千克。成鱼养殖模式中，则在水稻栽插后20天左右投放规格为50～80克的冬片鱼种，放养密度为200～250尾/亩，秋冬季成鱼收获规格为200～300克/尾，预计产量50千克左右。

（3）日常管理　在预期产量50千克/亩以上的稻鲫生态养殖模式中，需要补充投喂异育银鲫"中科3号"专用人工饵料，每天上下午在鱼沟内各投喂1次，坚持做到"定质、定量、定时、定位"，日投喂量一般为放养的异育银鲫"中科3号"总体重的1%～3%，可以根据水温、水质以及异育银鲫"中科3号"活动情况进行适当调整。在水稻生长期间，需要适时调节水深，保证鱼沟和鱼溜的正常水位。鱼病防控采取预防为主、防治结合的方式，以控制病害的发生和流行，发现鱼病应及时治疗，并清除死亡个体。坚持每天巡田，巡田时仔细观察鱼摄食、活动和水质变化情况。

2. 典型案例

福建武夷山市岚谷乡岚峰稻花鱼养殖农民专业合作稻花鱼养殖基地（图3）开展异育银鲫"中科3号"和中华圆田螺、稻生态种养试验。养殖结果表明，"稻＋鲫＋螺"模式总产量达 9 937.5 千克/公顷，比只种稻模式高出 7.72％，比"稻＋螺"模式低 7.67％，总利润分别比"稻＋鲫"和"稻＋螺"模式高出 25.83％和 77.91％，其产出投入比、利润和销售利润率明显高于"稻＋螺"模式。该生态种养模式养成的异育银鲫"中科 3 号"价格高于池塘养殖，且深受消费者青睐，有效提高了稻田综合种养成效。

图 3　稻鲫生态养殖基地

（三）陆基推水集装箱生态养殖模式

陆基推水集装箱养殖是农业农村部推介的农业主推技术和生态健康养殖模式之一，该养殖模式以传统养殖池塘为依托，通过集装箱与养殖池塘之间的反复循环，利用曝气、集污、固液分离等技术保证优良的养殖水质，从而实现养殖箱内商品鱼生态高效养殖。异育银鲫"中科 3 号"生长速度快、适应性强，养殖实践表明该新品种适合在陆基推水集装箱中养殖。

1. 技术要点

（1）养殖条件　陆基推水集装箱养殖系统由陆基推水集装箱、尾水处理设施、水体循环回用连接系统以及其他辅助设备构成。陆基推水集装箱容纳水体 25 米^3，配置天窗、进水口、曝气管、出鱼口、集污槽、出水口等构件。尾水处理设施由固液分离器和三级池塘组成，一般四个集装箱配置大于 1 亩的池塘，第一级、第二级、第三级池塘面积配比宜为 1∶1∶8，也可多于 3 级或加入人工湿地等净化单元。水体循环回用连接系统包括尾水排出系统、固形物收集池、取水泵和进水管。其他辅助设备包括风机、水泵、臭氧发生器和备用发电机等。

（2）养殖操作　异育银鲫"中科 3 号"鱼种投放前集装箱需用强氯精或者漂白粉兑水后均匀泼洒，并检查箱体中的进排水设备和曝气管。提前 2 天进水曝气，并检测溶解氧、pH 和氨氮等水质指标。鱼种进箱前随机选取几尾鱼种进行镜检和解剖，检测是否有寄生虫或其他疾病，确保无病鱼进入箱体。鱼种进箱后第一天不投喂饲料，用聚维酮碘均匀泼洒消毒 1 小时后向水体中泼洒抗应激药物，第二天再消毒 1 次，同时内服保肝药物和水产多维等 3～5 天，每天投喂 1 次，并开始投喂少量饵料。刚进箱体的鱼种要进行驯化，喂料时用饲料铲轻轻敲击箱体边缘吸引鱼群，或加入规格相同的少量鲤等抢食性能更强的鱼类以加快驯化过程。

（3）日常管理　每天早上投喂饵料前先巡查每个箱体的增氧设施和循环水设备，确保设备正常运转。喂料要定时、定点、定量、定质、定人，以 15 分钟吃完为宜，并根据异育银鲫"中科 3 号"聚集索饵的情况判断其健康状况。鱼病防治做到预防为主，养殖箱体应定期进行消毒，发现异常要及时采取相应措施解决，尽量减少死亡情况。每天检测水温、溶解氧、pH 等，每周检测氨氮、亚硝酸盐等水质指标。

2. 典型案例

广州观星农业科技有限公司（图 4）是陆基推水集装箱生态养殖模式的研发创新单位，该公司一直开展异育银鲫"中科 3 号"陆基推水集装箱养殖，经中国绿色食品发展中心审核，异育银鲫"中科 3 号"符合绿色食品 A 级标准，被认定为绿色食品 A 级产品，并注册商标"星空大鱼"，常年为盒马生鲜提供异育银鲫"中科 3 号"大规格商品鱼，价格比传统养殖的异育银鲫"中科 3 号"高 50% 以上。

（四）陆基圆池循环水养殖模式

1. 技术要点

（1）养殖条件　陆基圆池循环水养殖模式需要有平整的土地便于架设陆基养殖桶，周边配套有两个不渗水、淤泥厚度小于 20 厘米、面积 1 亩以上、池深 2.0～2.5 米的池塘，进排水配套完善，水源充足无污染。陆基养殖桶整体形状为一个具有圆锥形底部的圆柱养殖桶，由帆布及钢架构成，内径 8 米，高

图 4　广州观星农业科技有限公司养殖基地

2 米，倒圆锥形底部内径 8 米，高 0.5 米，有效养殖容积约为 108 米³。锥底留有直径为 30 厘米的排污口与集排污管道相连接。配备由风机、输气主管、分支输气软管、气阀和微孔增氧管组成的增氧系统，以及由沉淀曝气池、过滤坝、净化池构成的尾水处理系统，净化池塘中可投放一定量的鲢、鳙等滤食性鱼类用于水质净化。在养殖桶的上方设置黑色遮阳网布，在夏季高温时，以遮挡阳光、降低水温。

（2）养殖操作　异育银鲫"中科 3 号"鱼种投放前用浓度为 10% 左右的聚维酮碘溶液对陆基养殖桶进行消毒。消毒完成 4 小时后开始进水，初次进水至 1 米左右，检测水温、溶解氧、pH 及水体中三态氮的含量等水质指标。对放养的异育银鲫鱼种进行肉眼观察和镜检，确保初始放养的鱼种健康。每个养殖桶放养 10～25 克/尾异育银鲫鱼种 2 000～3 000 尾，苗种进桶时，用复合碘溶液对异育银鲫苗种消毒，同时在养殖桶内泼洒应激灵以减小鱼种的应激反应。

（3）日常管理　选择异育银鲫专用浮性膨化配合饲料，鱼种放养 1～2 天后即可进行驯食，先少量投喂，每日 4～5 次，以半小时内吃完为宜。待大部分鱼能摄食后，采用"四定"投饲原则，每天上下午各投喂一次。养殖前期保持养殖桶水深 1 米左右，中后期逐渐加高养殖桶水位，直至养殖桶圆柱体最大水深 2 米，高温季节保持圈养桶高水位，养殖桶内水体始终保持循环状态。每天不间断开启增氧系统，维持养殖桶内水体溶解氧在 4.0 毫克/升以上。坚持每天三次检查鱼体摄食、水质变化、鱼体活动和病害情况，注意增氧和排污设备运行情况。

2. 典型案例

武汉五七东方水产养殖有限责任公司（图 5）位于湖北省武汉市黄陂区，是湖北省协同推广设施化渔业示范基地、无公害水产品基地和健康养殖示范场。该公司建设有陆基圆池循环水养殖桶 31 个，开展异育银鲫"中科 3 号"养殖。多年养殖结果表明，养殖成活率超过 90%，饵料系数 1.2～1.3，养殖产量是传统池塘养殖的 3 倍以上，陆基圆池循环水养殖适用于异育银鲫"中科 3 号"高密度养殖。

图 5　武汉五七东方水产养殖有限责任公司养殖基地

合方鲫 2 号

一、品种简介

合方鲫 2 号（图 1）品种登记号 GS-02-001-2022，是以 20 世纪 70 年代从日本引进并以体重为目标性状经连续 5 代群体选育获得的日本白鲫（♀）与从湘江采捕并以体重为目标性状经连续 5 代群体选育获得的红鲫（♂）的杂交子代为母本，以 2008 年湖南师范大学保存并以体重为目标性状经连续 5 代群体选育获得的日本白鲫为父本，杂交获得的 F_1。在相同养殖条件下，与合方鲫相比，12 月龄体重提高 55.8%。适宜在全国各地人工可控的淡水水体中养殖。

图 1 合方鲫 2 号

二、示范推广情况

合方鲫 2 号广泛应用于池塘、稻田及藕田等多种养殖场景中，已在全国各省份示范和推广应用，累计生产苗种 8.0 亿尾，累计新增总产值 51.20 亿元。根据养殖试验结果，合方鲫 2 号适宜在我国水温 5～34℃的人工可控的淡水水体中养殖，同时合方鲫 2 号也能适应北方盐碱水体养殖，夏花养殖成活率达 92％。合方鲫 2 号具有抗逆性强的优点，很适合稻-鱼综合种养。稻-鱼综合种养模式养殖的合方鲫 2 号肉质细嫩肥美，口味优于池塘养殖的合方鲫 2 号，是"优质稻＋优质鱼"综合种养的理想鱼类品种。此外，以合方鲫 2 号为主体的稻-鱼综合种养能有效抑制土壤镉生物活性，减控米镉积累，明显提升了稻-鱼综合种养生态效益。合方鲫 2 号因为味道鲜，是食品加工的好食材，已被加工成鱼冻、鲜汤鱼粉等多种食品。合方鲫 2 号鱼冻，一冻两用（既可以做鱼冻也可以做鱼汤），既克服了鲫鱼肌间刺较多的短板，也保留了原有的优质蛋白、优质脂肪，深受消费者喜爱。

三、示范养殖模式

（一）池塘养殖

池塘养殖是一种常见的水产养殖方式，主要利用人工或自然池塘进行鱼类等水产品的养殖。池塘养殖的基础设施建设成本较低，适合中小规模养殖户；易于日常管理，如投喂、水质监测和病害防治等操作相对简单；养殖区域集中，便于观察养殖生物的生长状况；池塘中可培育天然饵料（如浮游生物），减少人工饲料的使用，降低养殖成本，人工饲料投喂后，残饵和排泄物可被池塘生态系统部分利用，减少浪费。

1. 技术要点

（1）池塘条件　水源条件好，进排水方便，水质清新，阳光充足。水深 1.5～2.0 米，长方形为好，池底平坦，以便管理和捕捞。放养前 10～15 天进行清池消毒，药物使用符合国家水产养殖用药的规定。使用生石灰进行干法清塘：将生石灰化浆（50 千克/亩）全池泼洒，杀死池中寄生虫、细菌等病原体，改善底质透气性。清塘后第 2 天，将池塘水加至 1 米左右，进水口用 60 目密眼筛绢过滤，严防野杂鱼进入池中。放养前 4 天，对池塘进行除杂，为合方鲫 2 号水花放养做好准备。水花放养前 1 天，使用发酵功能料、生命多泰等对池水进行肥水。

（2）苗种投放

主养密度：每亩放养 50～150 克合方鲫 2 号鱼种 1 000～1 500 尾，搭配放养总尾数 15%～20% 的鲢、鳙和 5% 的鳊鱼种。

套养密度：每亩放养 50～150 克合方鲫 2 号鱼种 300～500 尾。

投放后管理：放养后 7 天，对池塘沿边杀虫；放养后 7～15 天，使用开口粉、生命多泰（化水）等对水花进行喂食；放养 15 天后，改用开口粉及开口膨化料对水花进行喂食，直至合方鲫 2 号可以摄食饲料。

（3）饲料投喂　养殖前期 5—7 月以含蛋白质 38% 的粉料和开口膨化料投喂，8—10 月以含蛋白质 30% 的颗粒料和膨化料投喂。要及时根据摄食、生长情况及水温调整投喂次数及投饵量。一般水花培育前期（5—7 月），苗种规格小，每天投喂 4～6 次，投喂量为鱼体重的 5%～8%；8—9 月温度高，每天投喂 4 次，投喂量适当减少，投喂量为鱼体重的 3%～5%。投饵应坚持"四定"原则：定时、定点、定质、定量，同时应结合天气情况灵活掌握。

（4）水质管理　按照池塘水位随温度逐步升高而逐渐加深的原则，从刚放养时的 1 米逐步加水，直至高温季节保持池塘最高水位在 3 米左右（加水 25 厘米/次）。养殖期间，通过施用微生态制剂对池塘水质进行调控。其中，5—6 月，每 20 天左右施用 1 次微生态制剂；温度高的季节（7—9 月），每 10～15 天施用 1 次微生态制剂；10—11 月，根据水体透明度、pH、氨氮等理化指标灵活控制微生态制剂使用次数及用量，保持水体"肥、活、嫩、爽"。养殖期间增氧机的开启遵循"三开、两不开、一早、两长、两短"原则：晴天中午开、阴天凌晨开、连绵阴雨半夜开，傍晚不开、阴天白天不开，浮头早开，增氧机负荷面积大开机时间长，反之则开机时间短，天气炎热开机时间长、天气凉爽开机时间短。

（5）病害防控　坚持"以防为主、防重于治"的原则，及时消灭敌害生物，根据鱼的生长及活动情况及时调整投喂量；通过使用微生物制剂、冲水及时调控水质和水位，保证养殖水体水质良好。

（6）池塘日志　及时记录、总结养殖过程中的一系列有效措施及投入品等，为以后养殖生产提供参考。

（7）收获上市　在养殖期间，坚持日常定期测量体重、全长、体长和体高等生长指标，每月底采用手撒网捕捞合方鲫 2 号样品进行检测，每次测量 30～35 尾，同时检查鱼体病害和饲料利用情况，并做好池塘养殖日志记录。在每亩放养鱼种 1 000 尾的养殖密度下，养殖 1 年的合方鲫 2 号均重达 550 克，即可上市。

2. 典型案例

从 2022 年 4 月开始，湖南省沅江市从湖南省鱼类遗传育种中心共购得优质合方鲫 2 号水花 500 万尾，主要养殖在黄茅洲镇、安宁垸渔场等地。经过近 5 个月的苗种培育，养殖户反映良好。合方鲫 2 号体形好，体侧扁，呈弧形，无口须，头小背高、体背宽厚，体色青灰色，符合消费者眼中"土鲫"特征，且抢食能力强、易于垂钓，是一种适宜于休闲渔业的优良鲫鱼。如今沅江市合方鲫 2 号混养面积有 2 500 亩，纯养面积有 500 亩，预计产量 400 吨，预估纯收入可超 300 万元。

（二）稻-鱼综合种养

稻田养殖是运用生态学、动物学、水产学等基础学科原理，一水两用，将鱼、虾、蟹等水产动物与水稻综合种养，利用水产动物的生物行为，清除稻田里的杂草、害虫及秸秆等，疏松土壤，进而调节水稻的根系发育，水产动物的排泄物作为水稻的肥源；水稻为水产动物提供遮阴的场所，减轻水体受照强度，减少水质富营养化。稻-鱼综合种养一方面可以大大减少农药和化肥的投入，降低成本；另一方面有利于保持水质清洁，可以有效提升鱼肉品质以及水稻品质，综合效益可显著提高（图 2）。

1. 技术要点

（1）田间工程　稻-鱼综合种养需要对稻田进行适当调整，开挖鱼沟和鱼坑，进排水口一般设置在稻田对角处，以便整个稻田流水均匀，并做好夯实措施，防止漏水；在插秧前开挖好鱼沟、鱼坑（沟坑占比不超过稻田总面积的 10%），并加固田埂，有条件的地区建议在田间安装诱虫灯。

鱼沟为土质生态土沟，鱼坑为土质生态水坑。鱼坑一般设置在进水口处或稻田中央，面积控制在约 10 米^2，具体根据实际情况调整，深度 60～90 厘米，一般为正方形或长方形，既可以作为固定投饵的食台，也可以作为堆肥坑，还

图 2　稻-鱼综合种养模式图

可以作为鱼的越冬池。鱼沟开挖要根据田块大小和形状，挖成"一"字形、"十"字形、"田"字形、"井"字形等，纵沟、横沟、围沟连通。沟宽一般40～100 厘米，深 30～50 厘米，采用上宽下窄的梯形结构。为增强稻田的抗涝能力，田埂要进行加固、加宽、加高，一般高 50～60 厘米，宽 40～100 厘米，采用上窄下宽的梯形结构，建议用水泥加固或铺生态砖边坡护砌，保证田埂结实耐用。以"田"字形鱼沟设计为例（图 3），在进出水口设置栅栏以防鱼逃走，栅孔大小要小于鱼种规格。水稻移栽后鱼苗未放时，稻田水位控制在10 厘米以内，放入鱼种后，为保证鱼的正常活动，田中水位保持在 15～30 厘米，一般前期浅，后期逐渐加深。

（2）水稻栽培　稻-鱼模式需要考虑到鱼在稻田中的活动，所以水稻的栽插密度和纯水稻种植相比需要适度降低。特别是移栽杂交稻时，生育前期促生蘖非常关键，水稻种植的行距不宜狭窄，以利于鱼种的活动和生长。并且鱼种的田间活动还能进一步促进稻的分蘖，有助于杂交稻的增产。在水稻的生育后期，水稻之间的间隙会明显减小，鱼一般不愿意进入高密度的水稻间隙活动，难以充分发挥鱼-稻之间的互惠作用。可利用大秧移栽来促进早期稻和鱼之间的互惠效应。秧苗移栽初期，建议浅水灌溉管理，使用较大的秧苗时可以适当提高水位，以利于合方鲫 2 号的活动和生长发育，并且秧苗能快速返青分蘖。

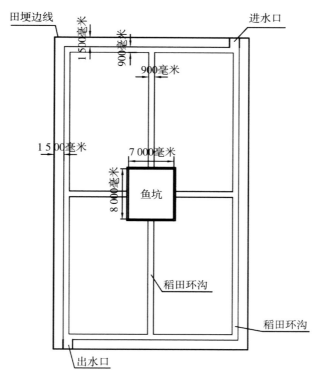

图 3　稻-鱼共养田块布局示意图（"田"字形鱼沟）

（3）鱼种放养　秧苗在秧田中生长 20～30 天后，个体较大，移栽后生长迅速，要防止鱼种碰撞而不至于"漂苗"。一般移栽 3～5 天后可以投放合方鲫 2 号夏花（10～20 克/尾）或春片（100～200 克/尾），放养密度为20～30 千克/亩（春片每亩可投放 80～150 尾，夏花投放 1 000～1 500 尾）。挑选健康强壮的鱼种，投放前先用 3‰浓度的盐水消毒 10～15 分钟，或用 20 毫克/升的高锰酸钾药液浸泡 1～2 分钟。鱼种投放时间一般选择晴天的清晨或傍晚。如果要对稻田进行消毒，可以在水稻移栽前一天进行，一般用生石灰（5 千克/亩）对田块消毒，杀灭细菌和野杂鱼。如果完全不投人工饲料，靠天然饵料喂食，鱼种放养密度要适当降低。水稻收割后，可排水收鱼，也可以继续蓄水养鱼。

（4）日常管理　每日需进行种养区巡查。检查田埂是否完好，进排水是否通畅，防逃和防害设施是否完好。

2. 典型案例

　　湖南省鱼类苗种繁育科技有限公司依托湖南师范大学鱼类遗传育种团队在雪峰山鱼种繁殖谷（湖南省武冈市玉屏村）进行合方鲫2号稻-鱼综合种养（图4），累计推广稻-鱼综合种养面积6万余亩，带动了200多个村、万余养殖户增收致富。

图 4　邵阳市武冈市稻-鱼综合种养基地

福瑞鲤 2 号

一、品种简介

福瑞鲤 2 号品种登记号 GS-01-003-2017，是以 2004 年从江苏无锡收集的建鲤、黄河郑州段收集的黄河鲤和黑龙江哈尔滨段收集的黑龙江野鲤为原始亲本，通过完全双列杂交建立自交、正反交家系构成选育基础群体，以生长速度和成活率为目标性状，采用 BLUP 选育技术，经连续 5 代选育而成。在相同养殖条件下，养殖 16 个月的福瑞鲤 2 号生长速度与同龄普通养殖鲤相比平均提高 22.9%，成活率平均提高 6.5%。适宜在全国各地人工可控的淡水水体中养殖。

二、示范推广情况

福瑞鲤 2 号广泛应用于池塘、网箱、稻田和莲田等多种养殖场景中，近三年在全国 20 多个省、自治区和直辖市推广养殖，养殖面积超过 170 万亩，亩增产 15% 以上，新增总产值 51.84 亿元，利用稻渔综合种养模式，福瑞鲤 2 号在助力福建、云南、贵州等地乡村振兴中作出了积极贡献。

三、示范养殖模式

（一）池塘养殖模式

池塘养殖是福瑞鲤 2 号的主要养殖模式，包括池塘主养和混养。

1. 技术要点

（1）养殖条件　养殖池塘一般为长方形，面积一般 2～50 亩，以 3～15 亩为宜，水深 2.0～2.5 米，池水透明度≥20 厘米，池底淤泥厚度≤20 厘米，每亩水面按 0.75 千瓦配备增氧机，饲料台设置在池塘上风处。

（2）池塘主养　在南方地区，福瑞鲤 2 号养殖当年即可达食用规格。主养福瑞鲤 2 号食用鱼的池塘，一般可混养搭配鲢、鳙及少量的肉食性鱼类。例如，每亩可放养福瑞鲤 2 号 1 200 尾（规格为 50 克/尾）、鲢 250 尾（规格为 50 克/尾）、鳙 80 尾（规格为 50 克/尾）、沟鲶 10 尾（规格为 100 克/尾）。投喂人工饲料，要求粗蛋白质含量达到 28%～32%。投饵率根据水温控制在 1%～5%，日投喂次数根据水温控制在 1～5 次，每次投饲料间隔时间 3 小时以上。

在北方地区，福瑞鲤 2 号要养殖两年才能达到食用规格。常见的放养模式为每亩放养隔年大规格福瑞鲤 2 号鱼种 800 尾（规格为 100 克/尾）、鲢 200 尾（规格为 100 克/尾）、鳙 50 尾（规格为 100 克/尾），鲤产量占总产量的 75%以上。

（3）池塘混养　福瑞鲤 2 号的池塘养殖也可采用混养模式，如福瑞鲤 2 号和南美白对虾生态混养。鱼虾混养的池塘鱼种投放一般在清明前后，在池塘的一侧用 40～60 目的聚乙烯网隔离出 2～5 亩的区域，为 5 月后投放南美白对虾虾苗预留空间。当虾苗长到 4 厘米左右时，可撤掉隔离网，撤网时尽量避开虾蜕壳的高峰期。

鲤配合饲料蛋白质含量 28%～30%，南美白对虾饵料蛋白质含量 40%～42%，每次先投喂鲤料，20 分钟后再投喂虾料。

南美白对虾经过 2～3 个月的养殖，规格可达 120～180 尾/千克，产量 150～200 千克/亩。福瑞鲤 2 号在第二年 6 月捕捞上市，规格 0.8～1.1 千克/尾，产量 1 100～1 300 千克/亩。鲢、鳙产量 300～500 千克/亩，规格 3～4 尾/千克。

2. 典型案例

（1）山东泰安大喜渔业有限公司　山东泰安大喜渔业有限公司（图 1）地处东平湖畔，是山东省规模较大的育繁推一体化企业，国家大宗淡水鱼济南综合试验站示范基地，设 3 处高标准养殖基地，累计 2 000 余亩。该公司是东平湖黄河鲤、福瑞鲤 2 号等大宗淡水鱼亲本保存基地和繁育基地，年繁育水花 8 亿尾，培育乌仔 7 000 万尾。

福瑞鲤 2 号养殖池塘面积 28 亩，放养平均规格 100 克/尾的鳙 1 400 尾，

图 1　山东泰安大喜渔业有限公司养殖基地

放养密度 50 尾/亩；放养平均规格 50 克/尾的鳙 5 600 尾，放养密度 200 尾/亩；放养平均规格 160 克/尾的福瑞鲤 2 号 56 000 尾，放养密度 2 000 尾/亩。

　　放养鱼种 2～3 天以后就可以进行投饵驯化，驯化 1 周后再以正常方式进行投喂，可选择投饵机来替代人工喂食。

　　经 6 个多月的养殖，亩产福瑞鲤 2 号 2 565 千克，平均规格 1 350 克/尾；亩产鳙 100 千克，鲢 200 千克。亩产值达 28 500 元，亩利润 4 179 元。

　　该案例中，吃食性鱼类和滤食性鱼类放养比例为 8：1，既净化了水质，又降低了饵料系数。

　　（2）宁夏新明润源农业科技有限公司室外土塘混养　宁夏新明润源农业科技有限公司（图 2）现有养殖基地 2 000 亩，拥有水产养殖面积 750 亩，是宁夏为数不多的渔业科技研发与技术服务型企业之一。该公司储备各类亲鱼 10 000 余组，开展福瑞鲤 2 号、黄河鲤、大口黑鲈优质苗种繁育生产，年生产各类苗种 3 亿尾以上、生产商品鱼 100 余万千克，年销售额达到 3 000 余万元的生产规模。

　　福瑞鲤 2 号养殖池塘 12 亩，配备水车式增氧机 1 台、叶轮式增氧机 4 台、微孔增氧设备 1 台，功率为 3 千瓦。放养福瑞鲤 2 号鱼种 24 217 尾，平均尾重 229 克；套养异育银鲫"中科 3 号"鱼种 9 672 尾，平均尾重 50 克。

　　每天定点定时投喂颗粒饲料 2～4 次，饲料粗蛋白含量 28％～33％。养殖过程中水体保持一定肥度，每隔 20 天调换新水 1 次。

图 2　养殖土塘

经 5 个多月的养殖，亩产福瑞鲤 2 号 1 997.9 千克，平均规格 1.1 千克，"中科 3 号" 208.7 千克。亩产值 25 755.5 元，亩成本 20 728 元，亩利润 5 027.5 元，投入产出比 1∶1.24。

该案例示范安装应用水质在线监测系统等设备，有效改善了池塘水质，减少了病害的发生，降低了饵料系数，养殖产量和养殖效益显著提升。

（3）宁夏新明润源农业科技有限公司循环水混养　该公司池塘循环水系统（图 3）由 5 个养殖池塘（40 000 米²）、3 600 米² 潜流湿地、10 000 米² 生态塘、3 000 米² 生态沟渠组成。

在核心区选择面积 12 亩的循环水池塘，鱼种放养前对池塘进行干塘消毒。每 3～4 亩配备 1 台叶轮增氧机（3 千瓦），配合 0.1～0.15 千瓦的微孔增氧机。

放养福瑞鲤 2 号鱼种 2 018 尾，平均尾重 229 克；异育银鲫 "中科 3 号" 806 尾，平均尾重 50 克；鳙 62 尾，平均尾重 475 克；鲢 123 尾，平均尾重 500 克。

采用主养福瑞鲤 2 号投喂管理。7—9 月每月换水 1 次，每次换水通过循环水净化后自流进入池塘，其他时间按照养殖需求每半个月左右加黄河水 1 次，每次 10～15 厘米。

循环水池塘出池福瑞鲤 2 号 23 975 千克，"中科 3 号" 2 504 千克，鳙

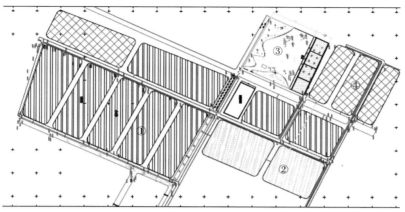

①为循环水养殖示范区；②为低密度生态养殖示范区；③为水体生态湿地循环区；④为常规养殖区

图 3　循环水养殖系统

1 331千克，鲢 1 942 千克，合计 29 752 千克。福瑞鲤 2 号亩产 1 998 千克，较对照组提高 16.4％。循环水池塘总销售收入 309 066 元，总支出 242 493 元，总利润 66 573 元，亩利润 5 548 元。循环水池塘养殖效益比普通池塘提高 12.6％。

循环水养殖池塘有效地降解水中氨氮和亚硝酸盐，使养殖水体的溶解氧提高 1～2 毫克/升，饵料系数降低 0.03，养殖病害防治投入每亩降低 17 元，亩利润增加 621 元。

（4）宁夏新明润源农业科技有限公司流水槽推水养殖　流水槽为 22 米×5 米×2 米的标准化流水槽（图 4）。福瑞鲤 2 号放养规格 100 克/尾，放 21 000 尾。采用水产养殖超大容量智能投饲系统投喂，在流水槽前后端安装水温、溶解氧、pH、氨氮、亚硝酸盐等监测探头，实现自动监测和物联网智能精准管控。

福瑞鲤 2 号养殖 150 天，产量 16 065 千克，产值 18.96 万元，成本 15.71 万元，利润达 3.24 万元；按每个流水槽配套 10 亩净化外塘计算，加上外塘滤食性鱼类产值，每亩池塘平均利润达到 4 131 元。

优化改造后的推水系统，鱼类死亡率从原来的 10％以上下降至 2％以下。采用水产养殖超大容量智能投饲系统投喂，可防止养殖规格大小不一。

（二）稻田生态养殖模式

该模式是将福瑞鲤 2 号投放于稻田中，与水稻共作，水稻为福瑞鲤 2 号提供庇荫和有机食物，福瑞鲤 2 号则为水稻耕田除草、松土增肥、吞食害虫，稻

图 4 流水槽推水养殖系统

和鱼形成互利共生的绿色生态系统。

1. 技术要点

（1）养殖条件 选择水源充足、水质优良、排水方便、保水性能好的田块。稻田需加固加高田埂（田埂高 50～70 厘米，宽 35～45 厘米），开挖鱼沟和鱼溜（鱼沟宽、深均可为 40～60 厘米），开挖注、排水口，设置拦鱼设施，搭遮阴棚。

（2）种养管理 饲养福瑞鲤 2 号的稻田一般选用耐肥力强、不易倒伏、抗病虫害、耐淹、品质好、产量高的水稻品种。福瑞鲤 2 号的放养规格为 50～100 克，放养密度可为每亩 200～350 尾。稻田插秧后一周即可放养。

稻田养殖的福瑞鲤 2 号能充分利用天然饵料生物，天然饵料生物不足时，可进行合理投饲，日投喂量一般为鱼体重的 2%～4%。

水稻施肥总的要求是施足基肥，巧施追肥，追肥应使用对鱼类无害的化肥。

福瑞鲤 2 号一般在水稻收割前收获。收鱼时放水要慢，以使鱼逐步集中到鱼沟、鱼溜中，用抄网或小拉网捕获，最后再排干鱼溜内的水，将鲤全部捕出。

2. 典型案例

（1）光泽县联农农业专业合作社 光泽县联农农业专业合作社主要从事生态稻渔综合种养，荣获 2022 全国稻渔综合种养技术模式创新大赛二等奖，建设标准化稻渔综合种养基地（图 5）1 000 余亩。2018 年建立了首个稻渔综合种养可视化示范基地和多个数字农业基地。

图 5　稻渔综合种养基地

在 50 亩核心示范区选种单季稻品种"福香占"，栽培密度为株距 20 厘米、行距 25 厘米。每亩投放规格约为 100 克的福瑞鲤 2 号鱼种 450 尾，养殖期间不投饵，鲤摄食稻田中的天然饵料及早期稻田中的浮萍。经过 3 个月不投饵养殖，养殖成活率达 90%，亩产福瑞鲤 2 号 76 千克，平均规格 150 克。水稻平均亩产 467 千克。亩生产成本计 1 154 元，亩利润达 2 269 元。

养殖期间不投饵，养殖的稻花鱼品质好、符合绿色水产品要求，基本单价都维持在 50 元/千克以上。若适当增加饲料投喂和延长养殖周期，还可提高福瑞鲤 2 号的亩产量。

需注意，利用山垄田建立的稻田，由于地势高差较大，低处稻田易受水浸漫，应加强防洪管理。

（2）元阳县呼山众创农业开发有限公司　元阳县呼山众创农业开发有限公司位于云南省红河哈尼族彝族自治州元阳县，采取公司＋合作社＋基地＋农户的模式，建设"国家级稻渔综合种养示范区"和"全国稻渔综合种养试验示范基地"。该公司依托苗种繁育中心，以福瑞鲤 2 号鱼种繁育为主，满足元阳县 13 万亩梯田稻田养鱼需求。创建了"哈尼哈巴"品牌，实现了梯田鱼、梯田鸭（鸭蛋）、梯田红米从产品链到产业链到价值链的升级。

养殖福瑞鲤 2 号的稻田为云南红河哈尼族彝族自治州元阳县沙拉托乡阿嘎村梯田，面积 1.1 亩。

水稻种植品种为杂交水稻 II 优 501，水稻种植周期 125 天。秧苗返青后，在梯田中投放规格整齐、体质健壮、无病无伤的福瑞鲤 2 号鱼种，按每亩 500 尾投放，平均规格 12.5 克/尾，共放 520 尾。鲤养殖时间 135 天。

饲养初期田中的天然饵料较多，不用投喂饲料或追施肥料，等饵料缺乏时投喂一定的饲料或追施肥料，饲料投喂每天 2 次。适时调整水位。

该梯田共产福瑞鲤 2 号 84.4 千克，亩产鱼 76.6 千克，亩产水稻 492 千克，按梯田鱼市场价 30 元/千克、稻谷 5 元/千克计算，亩产值 4 758 元，亩利润 4 463.3 元。

经验：不同海拔区域水稻栽种时间不同，要根据不同田块肥力水平、不同品种生育特性、秧苗品质、秧龄和目标产量，合理确定基本苗。集中连片 10 亩以上的稻田方便管理，可节约成本投入。

（三）莲田生态养殖模式

随着稻田综合种养模式的发展，逐渐衍生出莲田生态种养模式。以莲子生产为主，在田间投放鱼苗，构建莲、鱼田间生态共生系统。

1. 技术要点

（1）养殖条件　莲田应选择水源足、水质好、保水性强、光照充足的田块。田块面积大小均可，一般不小于 1 亩为宜。加固、加高四周田埂（0.6～0.8 米），设置进排水系统、鱼沟和鱼坑，布设拦鱼防逃设施。

（2）种养管理　莲田要一次性施足基肥，以有机肥为宜，用量 200～250 千克/亩（在鱼苗投放前施肥）。每亩莲田种植莲子 120～160 株，投放 50 克/尾的福瑞鲤 2 号 200～300 尾，套养鳙、草鱼等。

在整个种养过程中，应根据季节和气温的变化适时调节水位和水质。前期水位保持在 15 厘米左右，5 月底逐渐提高莲田水位至 25 厘米左右，7—8 月水位加深到 30 厘米。

莲田中的天然饵料不足以满足鱼类生长的需求，可人工投喂植物类青饲料，适当添加蛋白质含量高的精饲料。每天的实际饲料投喂量以投喂后 1～2 小时未见饲料残留为宜。

2. 典型案例

福建建宁县莲乡荷蟹专业合作社于 2015 年 12 月注册成立，已投入资金 50 余万元，开发出了集中连片的水产养殖标准示范基地 120 亩。通过莲田综合种养（图 6）投放福瑞鲤 2 号 3.9 万尾，年可实现渔业经济效益 30 万元。

图 6　莲田综合种养

在建宁县均口镇修竹荷苑选 40 公顷示范莲田，每亩种植"建选 35 号"莲子 160 株，每亩投放 50 克/尾的福瑞鲤 2 号 300 尾，套养 300 克/尾的鳙 10 尾、300 克/尾的草鱼 5 尾。

示范田平均每亩收获干莲子 76 千克；起捕福瑞鲤 2 号 78.75 千克，鳙 12.5 千克，草鱼 7.5 千克。莲子平均亩产值 6 840 元，平均每亩水产品产值 2 822.5 元。合计产值 9 662.5 元，利润 7 376.5 元，比对照田提高了 2 916.5 元，总共示范了 40 公顷，总产值提升近 200 万元。

莲田养鱼模式能很好地把养鱼与种植莲相结合，降低了种植莲的成本，减少了农药的用量，有效提升了鱼和莲子的品质，产品因安全和质优受到市场的欢迎。

大口黑鲈"优鲈3号"

一、品种简介

针对投喂配合饲料养殖推广中出现的生长慢、鱼苗转食驯化效率和成功率低、个体间表型差异大等问题，以摄食人工配合饲料条件下的生长速度和易驯化摄食配合饲料为目标性状，以新引进大口黑鲈北方亚种和"优鲈1号"群体为基础群体，经多代群体选育培育出新品种大口黑鲈"优鲈3号"（图1），于2018年通过全国水产原种和良种审定委员会审定，获水产新品种证书（编号：GS-01-001-2018），实现了良种的更新换代，加快产业的转型升级。该新品种具有以下特征特性：①生长快。用人工配合饲料喂养时1龄大口黑鲈"优鲈3号"生长速度（体重）比大口黑鲈"优鲈1号"平均提高17.1%，比大口黑鲈引进群体提高33.92%～38.82%。②易驯食。驯化摄食配合饲料的时间缩短，驯食成功率平均提高10.3%。

图1　大口黑鲈"优鲈3号"

二、示范推广情况

自2018年通过全国原种和良种审定委员会审定以来，大口黑鲈"优鲈3

号"在 2023 年和 2024 年入选农业农村部农业主导品种，连续多年被列为广东省、江苏省等地方渔业主推品种。该品种适宜在我国人工可控的淡水水体中进行养殖，目前已在广东、山东、河南、浙江、湖北等 27 个省份进行广泛养殖。依托合作企业年繁育"优鲈3号"苗种近 50 亿尾，近三年累计推广面积近 80 万亩。随着大口黑鲈"优鲈3号"的推广，我国大口黑鲈产量由 2019 年的 47.8 万吨增长至 2023 年的 88.8 万吨，辐射带动大口黑鲈饲料、流通、加工、动保、餐饮等产业链环节的发展。在全程采用配合饲料养殖条件下，广东省主产区的池塘养殖产量为 3 000～5 000 千克/亩，江苏、浙江、湖南、湖北主产地区的池塘养殖产量为 1 000～2 000 千克/亩。与普通苗种相比，"优鲈3号"上市时间普遍提早 15 天以上，平均亩产提高 20％以上，经济效益显著。

三、示范养殖模式

（一）大口黑鲈池塘高产高效养殖模式

1. 技术要点

（1）池塘条件　大口黑鲈养殖以池塘精养为主，池塘以长方形为宜，面积普遍为 5～10 亩，池深 3.0～4.0 米，池底平坦，底部淤泥≤20 厘米，埂岸及池底不渗漏。进排水分开。养殖池塘每亩配备 1 台 1 千瓦的叶轮式增氧机和抽水设备。

（2）放养前准备　鱼种放养前 20～30 天排干池水，充分暴晒池底，然后注水 6～8 厘米，每亩用 75～100 千克生石灰全池泼洒消毒。池塘消毒后 1 周，再灌水 60～80 厘米，培养水质。5～7 天后，经放鱼试水证明无毒性后，方可放养体长 5～10 厘米的大口黑鲈鱼种。

（3）苗种放养　当水温 18℃ 以上时即可放养大口黑鲈鱼种。放养时鱼种规格力求整齐，避免大小差异悬殊，可减少或避免大鱼吃小鱼现象。鱼种放养密度为 6 000～12 000 尾/亩，适量放养稍大规格鲢、鳙、鲫等，以清除池塘中大量浮游生物和底栖生物，净化水质，并增加产量、提高养殖效益。鱼种下塘时，须用 3％食盐溶液药浴鱼体 5～10 分钟，以杀灭寄生虫和病菌。

将鱼种直接放入较大面积池塘时，鱼种很容易四处散开，后续难以保障全部集中摄食，这样长时间后就会出现大量没来吃料而生长缓慢的个体，而摄食量多的鱼生长较快，进而导致出现个体大小差异、大吃小的现象，使得养殖成活率降低。因此，在准备下苗前，将池塘边用网围一个小区域，把苗种放在这一区域暂养驯食一周，待苗种习惯在这一区域集中摄食后拆掉围网（图2）。这一阶段在投料方面要注意的是尽可能饱食投喂，否则就容易出现大吃小，导致苗种养殖成活率降低。

图2　大口黑鲈鱼种围网养殖

（4）饲料投喂　大口黑鲈配合饲料含粗蛋白需达到45％～50％。根据鱼的大小选择饲料规格，饲料粗蛋白含量及粒径、投喂率和日投喂次数见表1。每日分早、晚2次投喂，投喂遵循"慢、快、慢"的原则，投喂至大部分鱼不上水面抢食时为宜。在投喂时，定期在饲料中添加维生素、乳酸菌和护肝胆药物等，有助于提高大口黑鲈肝胆和肠道的健康水平和机体免疫力。平时注意巡塘，观察鱼的摄食情况和水质、天气等情况，遇到异常情况及时解决。由于南方夏季水温高，日照长，大口黑鲈摄食效果往往较差，应视情况适当控料，避免浪费。遇天气剧变时，大口黑鲈摄食量波动大，应主动控料，避免大幅波动投喂。定期内服胆汁酸保肝护胆，可明显改善摄食，增强体质，降低发病风险。

表1　大口黑鲈日常投喂率和投喂次数

鱼种规格（克）	饲料粗蛋白含量（％）及粒径（毫米）	投喂率（％）	日投喂次数（次）
5～10	粗蛋白含量48～50，粒径1.5～2.0	5～7	3～4
10～50	粗蛋白含量48～50，粒径2.0～3.0	4～6	2～3

（续）

鱼种规格 （克）	饲料粗蛋白含量（%） 及粒径（毫米）	投喂率（%）	日投喂次数（次）
50～150	粗蛋白含量46～50，粒径3.0～5.0	3～5	2～3
150～250	粗蛋白含量45～48，粒径5.5～7.0	2～4	2～3
250～500	粗蛋白含量45～48，粒径7.5～10.0	2～3	2～3
大于500	粗蛋白含量45～48，粒径11.0～13.0	1～2	1～2

（5）水质管理　大口黑鲈生长过程要求水质清新、溶解氧丰富。因此整个养殖过程中，水质不宜过肥。特别是夏秋季，由于投喂大量饵料，极易引起水质恶化，需要换水或采用水质调节剂调节水质。使用常用的微生态制剂调节水质，分解水体中过量的有机质，降低水体氨氮、亚硝酸盐含量。

高密度池塘养殖大口黑鲈时，增氧机的合理使用尤为关键。一般在傍晚18：00—19：00先开1台增氧机，21：00至第二天早上7：00，池塘中增氧机全部开，这样夜间池塘上下层水得到充分交换，增加下层水体溶解氧，提早补偿底层水体氧债，加速水体物质循环和有害物质的分解，同时也防止了高密度养殖条件下池塘中出现浮头现象。白天一般情况下开增氧机1台，如果碰到阴天、下雨甚至更恶劣的天气情况，增开增氧机。

坚持每天日夜巡塘，观察鱼群活动和水质变化情况，定期检测水体理化指标（氨氮、亚硝酸盐、溶解氧、pH、透明度、水温等）和鱼体生长情况（体长、体重和成活率）。

（6）病害防控　遵循"以预防为主，治疗为辅；以生态防病为主，药物预防为辅"的原则，要做好池塘和苗种消毒、投喂管理和水质管理及病害防治等工作。采取每隔10～15天全池泼洒石灰水一次的方式对池塘水体进行消毒，生石灰用量为3～15千克/亩；或采用氯制剂片按照全池塘有效氯不高于0.5毫克/升的用量在投喂区域局部高浓度消毒。

（7）收获上市　采取"捕大留小"方式进行出售，经过2～3次销售成鱼后，大多数养殖户到第二年5月之前将鱼全部销售完毕。少数养殖户将几个鱼塘存塘下来的小规格成鱼集中起来养至8—9月才上市销售，由于销售价格高，能取得很好的经济效益，但是养殖风险相对高，需要具备丰富的养殖管理经验和良好的养殖技术水平。

2. 典型案例

（1）广东省佛山市三水区大口黑鲈池塘高产高效养殖模式实例　广东省佛山市三水区白坭岗头村某养殖户有大口黑鲈养殖池塘1口，面积为7亩，配备1千瓦增氧机7台。2023年10月20日放入"优鲈3号"鱼种6万尾，平均体重约为2.41克/尾，放养密度为0.86万尾/亩。从2024年9月3日开始捕捞商品规格鱼上市，其中最大个体可达0.75千克，平均规格0.45千克/尾，平均亩产量3 571千克，养殖成活率92.50%。经统计，养殖成本18.4元/千克，商品规格鱼价格30元/千克，亩均利润约4.14万元。

（2）广东省肇庆市大口黑鲈池塘高产高效养殖模式实例　广东省肇庆市某养殖户有大口黑鲈养殖池塘2口，单口池塘面积7亩，每个池塘配备增氧机7台。2023年11月4日放入大口黑鲈"优鲈3号"鱼种14万尾，平均体重约为0.43克/尾，放养密度为1.00万尾/亩。到2024年8月14日开始捕捞商品规格鱼上市，其中最大个体可达0.70千克，平均规格0.415千克/尾，平均亩产量4 416千克，养殖成活率90.70%。经统计，养殖成本17.8元/千克，商品规格鱼价格32元/千克，亩均利润约4.66万元。

（3）广东省佛山市南海区大口黑鲈池塘高产高效养殖模式实例　佛山市吉裕润达渔业科技有限公司位于广东省佛山市南海区九江镇，养殖池塘总面积约为220亩。单口池塘面积7～10亩，池深4.0～4.5米。2024年4月10日，按照7 000尾/亩的放养密度，放养平均体重为4.98克/尾的大口黑鲈"优鲈3号"鱼种。至2024年11月23日开始捕捞商品规格鱼上市，其中最大个体可达1.0千克，平均规格0.7千克/尾，平均亩产量4 900千克，养殖成活率90%以上（图3）。经统计，养殖成本19.0元/千克，商品规格鱼价格26.0元/千克，亩均利润约3.43万元。

（二）大口黑鲈"三优"养殖模式

1. 技术要点

（1）池塘条件　池塘以长方形为宜，东西向，面积为5～8亩，进排水方便，交通便利，池深为2～2.5米。池塘淤泥厚度小于20厘米，保水性好。养殖池抽干水后暴晒7～15天，确保淤泥氧化彻底。每亩用100千克生石灰消毒，静放3天后开始注水。养殖池塘每1.5亩配备1台1.5千瓦的叶轮式增氧机，配备柴油发电机1组。

图 3 佛山市南海区大口黑鲈池塘高产高效养殖模式

（2）水质条件 池塘下苗前检测水质，使水质 pH 在 7.2～8.5，总碱度在 90～230，总硬度 80～280。如上述指标不在合适范围内，要先改良水体水质，用生石灰调节 pH、碱度，用复合钙镁盐调节总硬度。

（3）苗种放养 鱼种为大口黑鲈"优鲈3号"。鱼种下塘前确保体质健壮、规格整齐、游动活泼、无畸形、无伤残。根据天气情况选择在 3 月底分筛下塘，每亩投放 3 000 尾，放苗前在塘头泼洒维生素 C 等抗应激类产品。为了调节水质和增加养殖效益，每亩套养大规格鲢 50 尾、鳙 20 尾、草鱼 20 尾和鲫 200 尾。

（4）饲料投喂 在养殖过程中投喂饲料选用浮性配合饲料，粗蛋白含量为 45％以上。定点定时投喂，日投喂两次，上午投喂总量的 40％，下午投喂总量的 60％。饲料中添加多维和护肝胆中药，以产品使用说明书为准。定期打样测量大口黑鲈生长情况，抽样解剖大口黑鲈观察肝胆情况和肠内剩余食量情况，逐渐提高饲料日投喂量。根据大口黑鲈体重大小情况选用适口粒径颗粒饲料。投喂饲料速度根据摄食情况来确定，摄食快且激烈，则加大投喂的面积并提高投喂速度，按照"慢-快-慢"的节律。

（5）水质调控 对于大口黑鲈高密度养殖池塘，增氧机的合理使用尤为关键。晚上至清晨增氧机全部开启。一般情况下白天中午打开 2～3 小时，其余时间部分打开，轮流使用，如果碰到阴天、下雨甚至更恶劣天气情况，适当合理增开增氧机。如果水温在 14℃以下打开 20％，8℃以下可以不开。

池塘注入新水时，用蛋氨酸碘溶液和一些中草药进一步消毒。新注入的水体较为清瘦，且有益菌群不稳定，为扩大有益菌的数量，将酵母菌、复合芽孢杆菌等以红糖为碳源混合一起注水密封发酵，菌液发酵至红紫色，投苗前一个月每5天全池泼洒一次菌液。在泼洒发酵菌种时可以掺杂肥水膏全池泼洒，保持较肥的水质以有效减少寄生虫，稳定池塘水质。

鱼种下塘时水深约1.2米，根据温度变化每4～6天添加新水一次，在夏季7月底时将水位升高至2米以上。整个养殖周期几乎不换水。养殖前期，用发酵好的益生菌液，每10天调水1次，再用厌氧芽孢杆菌等改底，每月改良底质2次，养护水体。养殖中后期，尤其是夏季温度上升，随着成鱼体重的增加，投喂量也随着增大，水体中的有机物会增多，要求每周用微生态制剂调水和改良底质各1次。定期检测水体pH、总硬度、总碱度，指标偏低时用生石灰调高pH和总碱度，用复合钙镁盐调高水体总硬度。定期检测水体氨氮、亚硝酸盐等情况，若养殖池塘中水体氨氮、亚硝酸盐含量偏高，则增加发酵有益菌液的泼洒量和次数，直至水质稳定。一旦发现水体开始产生蓝藻，则通过施加光合细菌来控制水质。暴雨过后如发现水体浑浊，用蛋氨酸碘等消毒，然后重新培菌。

（6）日常管理　遵循"四定四看"养殖原则，每日巡塘，暴雨后要及时调节水质，定期检查和维护养殖设备，防止线路老化，保障重要的机械设备稳定运行。

2. 典型案例

河南省大口黑鲈"三优"养殖模式实例：河南省信阳市晟泰水产养殖有限公司养殖基地，位于河南信阳市光山县胡畈乡蔡桥村，养殖池塘总面积约为140亩，蓄水池面积为15亩。单口养殖池塘面积为5～8亩，池深为2.5米。2023年3月中旬从广东梁氏水产种业有限公司购买规格为3.0克/尾的大口黑鲈"优鲈3号"。根据天气情况选择在3月底分筛下塘，放养密度为3 000尾/亩，每亩套养鲢50尾、鳙20尾、草鱼20尾和鲫200尾。鱼种下塘水深约1.2米，根据温度变化每4～6天添加新水一次，在夏季7月底时水位升高至2米以上。养殖前期，用发酵好的益生菌液，每10天调水1次，再用厌氧芽孢杆菌、光合细菌等改底，每月改良底质2次，养护水体。养殖中后期，每周用微生态制剂调水和改良底质各1次。定期检测水体pH、总硬度、总碱度，指标偏低时用生石灰调高 pH 和总碱度，用复合钙镁盐调高水体总硬度。在养殖过程中投喂粗蛋白含量为 45％以上的浮性配合饲料，定点定时投喂，日投喂两次，上午投喂总量的 40％，下午投喂总量的 60％。饲料中添加了多维和护肝胆中药。

　　2023 年 9 月 20 日起捕，养殖全程无病害发生，养殖成活率在 95％以上。140 亩养殖池塘共收获 210 吨商品鱼，平均养殖产量达 1 580 千克/亩，最高产量达到 2 250 千克/亩，平均规格 0.53 千克。该养殖模式下，一批商品鱼养成总投入 425.6 万元，其中饵料系数 1.09，共使用 228.9 吨饲料，花费 240 万元，占生产投入的 53.8％。每尾苗种花费 1.3 元，总花费 54.6 万元，占生产投入的 12.2％；生物制剂 40 万元，占生产投入的 8.9％；清塘和整塘费用 40 万元，占生产投入的 8.9％；人工费用 26 万元，占生产投入的 5.8％，四者占总成本的 80％以上，亩均收益 1.57 万元，投入转化比为 1.70。

团头鲂"华海1号"

一、品种简介

团头鲂"华海1号"（图1），品种登记号 GS-01-001-2016，是以梁子湖、淤泥湖和鄱阳湖团头鲂原种群体作为选育的基础群体，采用家系选育和群体选育技术，结合性状关联分子标记、选育性状遗传参数评估等，以生长速度和成活率为目标性状，经连续4代选育，培育成的遗传稳定、生长快、成活率高的团头鲂新品种。该品种在相同养殖条件下，与未经选育的团头鲂相比，生长速度提高22%以上，成活率提高20%以上，适宜在全国各地人工可控的淡水水体中养殖。

图1　团头鲂"华海1号"

二、示范推广情况

团头鲂"华海 1 号"在推广过程中，建立了完善的"育种中心-扩繁基地-示范应用区-养殖户"的良种推广体系，在全国建有 3 个育种中心、5 个扩繁基地、8 个示范应用区，获批建设团头鲂种质资源场、湖北省团头鲂良种场、武汉市武昌鱼繁育工程技术研究中心等，每年为全国团头鲂养殖户提供优质苗种 1 亿多万尾。近三年累计推广养殖面积达 100 多万亩，累计增加经济效益 10 亿元以上，产生了重大的经济与社会效益。

三、示范养殖模式

团头鲂池塘生态养殖模式是一种综合绿色生态养殖模式，将不同食性、习性鱼类进行配套养殖，以实现节约资源和保护生态环境的绿色发展理念，目前该模式已在湖北、江苏等团头鲂主养区推广，取得了良好经济效益。

1. 技术要点

（1）养殖条件 选择水源充足、进排水方便、电力配套齐全、交通便利的地区开展养殖。池塘面积以 8～20 亩为宜，水深以 1.8～2.5 米为宜，形状以东西向、长方形为宜，具有独立的进排水系统，进水口和排水口应分向设置，池底从进水口到排水口有 15°的坡度。按照 0.75～1.0 千瓦/亩安装增氧设施，保证水体溶解氧充足。

（2）鱼种放养

放养前准备：放养前进行池塘消毒，上一养殖周期结束后排干池水，清除塘底过多淤泥，暴晒至池底龟裂。放养苗种前 10 天，每亩用 100～150 千克生石灰（水产用）或 15～20 千克含氯石灰（含有效氯 25％以上）兑水后进行全池消毒。为确保团头鲂鱼苗放养后第一周水体中轮虫达到峰值供鱼苗摄食，同时避免大型枝角类和桡足类出现而发生"虫盖鱼"现象，消毒一周后进行池塘注水，并培育生物饵料。池塘加注新水至 0.8～1 米，进水口采用 60～80 目双层长形筛网过滤，防敌害、虫卵进入池塘。池塘中施生物有机肥 10～15 千克/亩，有机肥使用应符合《绿色食品 肥料使用准则》（NY/T 394—2023）的规定。

苗种选择：建议自育夏花培养至 1 冬龄鱼种后投放，实现苗种培育期间质量可控。如果外购鱼种，养殖主体在购买鱼苗时须从市级及以上良种场等正规育苗场购买，应选择符合农业农村部《水产苗种管理办法》相关要求的鱼苗，须经水生动物检验检疫机构检疫合格。选择团头鲂"华海1号"优良品种，鱼种要求活力好、规格整齐、体质健壮、无病无伤，符合《团头鲂鱼苗、鱼种》（GB/T 10030—2006）的规定，运输时间不超过5小时。鱼种放养前用30毫升/米³聚维酮碘溶液浸浴15～20分钟或用3％～5％食盐溶液浸浴10～15分钟。

（3）放养要求、规格和密度　根据养殖分布特点，团头鲂养殖分为华东地区、华中地区、华南地区、西部地区等四个主养区。

华东主养区：主要包括江苏（图2）、安徽、浙江、上海、山东等省份。该地区为次年养成模式，一般繁殖集中在5—6月，鱼种以冬季或早春放养为主，选择晴好的天气放养，一般为每亩放养75～100克/尾的鱼种800～1 200尾，塘中可搭配养鲢、鳙等，但不宜搭养鲤、罗非鱼等底层杂食性鱼类。配养鱼的比例不要超过主养鱼总数的20％，投喂鳊鱼专用配合颗粒饲料，搭配黑麦草等青饲料，翌年7—8月或11—12月可上市。

华中主养区：主要包括湖北（图3）、湖南、河南、江西等省份。该区域也是次年养成模式。一般第一年4—6月繁殖，将鱼苗培育成100～150克的大规格鱼种；第二年年初投放鱼种，放养密度为1 000～1 200尾/亩，套养150克/尾左右的鲢鱼种250尾、150克/尾左右的鳙鱼种20尾、25克/尾左右的鲫鱼种200尾，投喂鳊鱼专用配合颗粒饲料，搭配黑麦草等青饲料，7—8月或11—12月可达到上市规格。

华南主养区：主要包括广东、广西、福建、海南等省份。该地区利用华南地区的气候优势，养殖户主要采用两种养殖模式，①春苗-当年养成模式。每年1—2月对鳊鱼后备亲本进行强化培育，3—4月人工繁殖；5—6月进行苗种培育，鱼苗放养密度为6万～8万尾/亩，6月中旬完成鱼种的培育；7—12月进行成鱼养殖，放养大规格鱼种密度为1 000～1 500尾/亩，套养大规格鲢夏花500尾、鳙夏花250尾，投喂鳊鱼专用配合颗粒饲料，12月可达到500～600克的上市规格。②秋苗-次年养成模式。第一年7—8月繁殖，投放鱼种时间、规格、密度、套养鱼种及投喂情况与华中地区类似，次年7—8月或11—12月可养到上市规格。

西部主养区：主要包括四川、重庆、新疆、贵州、云南、陕西等省份。该地区养殖采用与华东地区类似的次年养成模式，繁殖集中在5—6月，翌年11—12月或第三年7—8月上市。

图2　江苏宜兴团头鲂"华海1号"池塘生态养殖

图3　湖北鄂州团头鲂"华海1号"池塘生态养殖

（4）饲养管理　投喂以鳊鱼专用配合颗粒饲料为主，饲料质量应符合《饲料卫生标准》（GB 13078—2017）、《团头鲂配合饲料》（SC/T 1074—2022）和《绿色食品　饲料及饲料添加剂使用准则》（NY/T 471—2023）规定。5月前投喂粗蛋白质含量为32%～34%的配合饲料，5月后投喂粗蛋白质含量为28%～30%的配合饲料，日投饲量占鱼体总重量的3%～5%，投喂坚持定质、定位、定时、定量的"四定"原则。高温季可拌料饲喂寡糖、植物多糖类绿色饲料添加剂，提高团头鲂抗应激能力和免疫性能。

（5）日常管理

①养殖过程中应注意调节水质肥度和透明度，保持池水pH 7.5～9.0，透明度30～40厘米，合理使用增氧机，维持水体溶解氧不低于5毫克/升，氨氮≤

0.05 毫克/升，亚硝态氮≤0.01 毫克/升。视水质情况使用微生物制剂调水，微生物制剂使用应符合《淡水养殖水质调节用微生物制剂　质量与使用原则》（SC/T 1137—2019）规定。

②适时加水，注意增氧。正常天气条件下，每 7～10 天加水 1 次；高温季节，每 3～5 天加水 1 次；每次加 10～20 厘米。定时监测水中溶解氧，适时开启增氧机，保持养殖过程中池水溶解氧≥5.0 毫克/升。晴天的中午开机 2 小时，增加池底溶解氧；连续阴雨天、气压较低时开启增氧机，防止出现浮头现象。

③每天早、晚各巡塘 1 次，观察鱼类活动和摄食情况，发现异常及时进行鱼体检查；养殖期间定期用碘制剂等高效低毒的消毒剂消毒水体；定期在饲料中添加维生素 C、壳聚糖等免疫调节剂，提高鱼体免疫力。

④团头鲂常见疾病主要为寄生虫病及细菌性败血症，发现鱼病及时对症治疗，治疗用药应符合《水产养殖用药明白纸》的规定。

2. 典型案例

鄂州市梁子湖渔樵水产养殖专业合作社位于梁子湖区沼山镇东井村，毗邻梁子湖，占地面积 3 000 余亩，是以生态化、智慧化为特色的现代化水产养殖基地。该合作社主要开展高规格团头鲂"华海 1 号"池塘生态养殖，通过将养殖密度控制在亩产 750 千克左右，以中草药替代传统抗生素药物，配备 200 亩生态净化池构建水质净化系统，实现零抗生素绿色生态养殖；同时引入物联网智能监测系统，动态追踪水质、溶解氧等关键指标，实现精准投喂与病害预警，有效提升养殖效率。该合作社成鱼捕捞后需经 2 个月生态池暂养再上市，显著提升肉质紧实度与风味，年产量超 2 000 吨，产品直供北京、上海、广州、武汉等城市，年经济效益达 5 500 余万元。依托"生态养殖＋智慧管控＋品质提升"模式，带动周边 20 余人就业，为水产行业可持续发展提供可复制经验。

翘嘴鳜"武农 1 号"

一、品种简介

翘嘴鳜"武农 1 号"（图 1）品种登记号 GS-04-001-2022，在相同养殖条件下，与未经选育的翘嘴鳜相比，7 月龄鱼体重提高 22.0%，可在 100 天内达到上市规格，比普通鳜至少可提早 30 天上市。"武农 1 号"适宜于全国人工可控的水温 6～35℃的淡水水体中养殖，特别适合在长江中下游地区养殖。

图 1　翘嘴鳜"武农 1 号"

二、示范推广情况

"武农 1 号"广泛应用于池塘、稻田和工厂化陆基圆池等多种养殖模式中。

另外，有部分单位进行饲料驯化养殖，表现出生长快、抗逆性强等特点，驯化率达到了80%以上，效果优于其他群体。近三年，"武农1号"在安徽、江西、江苏、浙江、山东、湖北、湖南、广东等省份辐射推广，累计推广面积12.8万亩，经济产值10.5亿元，直接经济效益4.2亿元。与普通养殖群体相比，"武农1号"养殖利润预计能提升20%以上。该品种在华中地区鳜良种化进程中发挥了重要作用，推广养殖规模处于领先位置，具有良好的经济、社会和生态效益。

三、示范养殖模式

（一）池塘主养高效养殖模式

"武农1号"池塘高效主养模式是一种集约化的水产养殖方式，通过优化池塘的养殖环境、管理技术和饲料配套供应等环节，采用科学的方法和技术手段进行高效生产，提高池塘单位面积主养品种产量和效益。

1. 技术要点

（1）基本条件　具备一定的资金能力及养殖经验丰富的单位或个人。

（2）养殖条件　水源充足、水质良好、无污染、进排方便，池塘面积以5～20亩为宜，水深2.0～2.8米，每2～3亩配备1台增氧机，放苗前用生石灰清塘。

（3）苗种来源　选择"武农1号"良种，要求：①集群性好，沉于苗种池中下层；②饱肚、规格整齐；③活动力强，自然状态下身体倾斜、保持弯尾；④鳍条完整、无畸形。

（4）成鱼养殖　鳜苗放养时间：5月下旬至6月上旬，放养规格为4.0～6.0厘米。放养密度：1 000～2 000尾/亩。100天快速养成商品鳜，9月15日左右上市，产量500千克/亩以上，毛利润13 000元/亩以上，较常规养殖增效30%以上。

（5）日常管理

①巡塘。坚持早晚巡塘，观察鱼的活动情况及摄食情况，饵料鱼出现跑边时，及时补投饵料。

②水质。保持池塘水质"肥、活、嫩、爽"，水体透明度一般控制在20～50厘米。

③病害防控。放苗前用 3％～5％盐水对鳜苗进行药浴杀菌消毒。每日镜检鳍、鳃及体表的寄生虫种类和数量，每个视野（400 倍）＞10 个时应严格按照《水产养殖用药明白纸（2024 年 2 号）》安全用药。

2. 典型案例

安徽省池州市东至县大渡口镇友平家庭农场，池塘总面积 152 亩，其中鳜主养池 50 亩，饵料鱼配套池 102 亩。连续三年分别从武汉市农科院鳜鱼良种繁育中心引进"武农 1 号"进行示范养殖，按照"武农 1 号"配套的池塘主养技术标准进行规范化养殖，2024 年 6 月 10 日，购买了"武农 1 号"苗 5 万尾，每亩放养 4.5 厘米左右的鱼苗 1 000 尾。9 月 29 日开始起捕销售，平均成活率达到 84.6％，平均体重 650 克/尾，平均亩产量 550 千克，养殖周期为 109～120 天，平均亩利润 1.7 万元以上，合作社纯利润 115 万元以上。该品种养殖商品率高达 98％以上、规格整齐度高，与本地鳜相比具有明显的生长优势，抗逆性强，体形优美，能降本增效，养殖效益显著。

（二）"稻-虾-鳜"生态高效养殖模式

本模式运用生态经济学原理和稻鱼共生理论，对稻田实施标准化工程改造，构建"稻-虾-鱼"共生互促生态系统，充分利用稻田的生产潜能，错峰种养小龙虾、稻、鱼，充分发挥物种间互利共生的作用，促进物质良性循环和能量流动，实现水产品稳产，粮食优质高效，综合效益提高，农药、化肥施用量显著减少。

1. 技术要点

（1）养殖条件　在稻田开挖不超过总面积 10％的沟凼（深度 1.5 米以上），实行稻虾鳜共生生态养殖。要求水源充足、排灌方便，沟凼需要配备水车式增氧机，稻田用水无污染。

（2）养殖管理

①小龙虾放养。3 月 20 日左右放养小龙虾苗，要求规格为 200 只/千克，放养密度为 50 千克/亩，养殖到 5 月达到 30～40 克/尾时下地笼陆续起捕上市，5 月底全部捕捞上市。

②"武农 1 号"放养。6 月中旬，水稻定植完毕后，放养麦鲮乌仔作为基础饵料鱼，放养量 30 万～50 万尾/亩；在 6 月中下旬，投放 5 厘米左右的鳜苗，放养密度为 30 万～70 万尾/亩，7 月中下旬根据鳜生长及饵料鱼情况，适

时补充适口饵料鱼，养至9—10月起捕上市。

③水稻种植。6月上旬进行机械插秧，秧苗入田后，加强水稻苗期田间管理，11月根据水稻成熟情况适时收割，并做好清塘消毒工作。及时上水，保证来年有小龙虾早苗。

（3）日常管理 每日需进行种养区巡查。检查田埂是否完好、进排水是否通畅、防逃和防害设施是否完好。观察虾沟水质，恶化时使用微生态制剂或注换新水。每天观察饵料鱼的摄食情况，投饵量要适宜，根据吃料情况灵活调整投饵量，天气条件恶劣时应暂停投喂。

2. 典型案例

2024年，湖北潜江熊口管理区湖北小福生态农业发展有限公司建立稻-虾-鳜综合种养示范基地（图2）50亩，小龙虾平均亩产154千克，平均收益2 310元/亩；优质稻亩产508千克，平均收益1 219元/亩；鳜亩产25.5千克，平均收益1 428元/亩。该模式可实现"一水两用、一田多收、稳粮增效、粮渔双赢"。

图2 稻-虾-鳜综合种养实例

（三）虾鳜轮养生态养殖模式

此模式在同一池塘中，4—6月养殖起捕小龙虾（50天），6—10月养殖起捕鳜（100天）。此模式以池塘养殖小龙虾、鳜为主，充分利用养殖品种生长周期的差异性进行生态轮养，实现一水两用、一池双收，节省资源，提高池塘养殖综合效益。

1. 技术要点

（1）养殖条件

池塘条件：长方形、东西向为宜，池塘底部平坦，不渗漏，面积 10～20 亩为宜，水深 1.0～1.5 米，池底淤泥厚度 15～20 厘米。

小龙虾防逃设施：塘埂应设置防逃网，防逃网用 60 目聚乙烯网围成倒檐状。防逃网露出地面 50 厘米，入土 30 厘米，倒檐宽 40 厘米。进出水口用 60 目筛网过滤，防止小龙虾逃逸及野杂鱼、敌害生物进入池塘。

（2）养殖操作　5 月底开始将池塘水位降至 10～20 厘米，刈割池塘水草，起捕池中各种规格的小龙虾。6 月上旬在鲌苗投放前 10 天左右，先投放饵料鱼。一般投放麦鲮夏花，规格 2.5～3.0 厘米，密度 15 万～20 万尾/亩。在 6 月中下旬投放 "武农 1 号"，鱼种的规格为 5 厘米/尾，密度为 100～300 尾/亩。经过 3～4 个月的精心养殖，在 9—10 月鲌规格就可以达到 0.45 千克/尾左右。预期鲌产量为 50 千克/亩。

（3）日常管理

投喂：每天 9：00—10：00、17：00—18：00 各投喂 1 次蛋白质含量为 28% 的配合饲料，日投喂量为麦鲮存塘量的 3%～5%。投喂时将饲料沿池边投放。

巡塘：每天坚持早晚巡塘，观察鲌的摄食、生长情况。若发现活动异常，可用显微镜检查鱼类体表及鳃丝是否有寄生虫等病害。监测池塘溶解氧状况，及时开启增氧机。

水质：高温季节保持池塘水位 1.5 米以上，溶解氧 5 毫克/升以上，定期用微生态制剂等调节水质，保持池塘水体透明度在 25～30 厘米。

2. 典型案例

该模式主要在武汉江夏鲁湖万亩基地（图 3）进行了示范，已建立虾-鲌轮养生态模式示范基地 5 000 亩，亩产鲌 100 千克以上、大规格小龙虾 80 千克以上，亩增收 3 000～5 000 元。

（四）蟹-鲌池塘混养模式

蟹-鲌池塘混养可以实现互利共生，有效控制蟹池中野杂鱼，改善蟹池生态环境，提升河蟹品质和养殖经济效益，同时，鲌也可提供较高的经济效益。

1. 技术要点

（1）养殖条件　该模式适宜于水草多、小野杂鱼多、面积 3～5 亩的螃蟹

图3 虾-鳜轮养实例

主养池塘。

（2）养殖操作

①苗种放养。2月底至3月底，放养优质扣蟹，规格为100～150只/千克，放养密度为900～1 200只/亩；6月上中旬，放养5～7厘米鳜苗30～40尾/亩，配置鲢鱼苗2万～3万尾/亩。

②投放螺蛳。100～150千克/亩。

③饵料鱼补充。鳜配套养殖中饵料鱼不足时，适量补充饵料鱼，以鲫和麦鲮为主，并补充投喂配合饲料。

（3）日常管理　按常规蟹池养殖管理办法执行，用多种沉水植物调节水质。饵料鱼资源较少的水域，应在鳜鱼苗放养前10～15天，每亩按0.5万尾左右投放饵料鱼水花。

2. 典型案例

武汉蔡甸区尊沁水产科技有限公司（图4）养殖面积3 000亩，蟹存活率60%～70%，蟹150克以上个体占80%以上，蟹产量100千克/亩左右，鳜15千克/亩左右，增收500～600元/亩。

（五）工厂化陆基圆池养殖模式

该模式利用在陆地上建设的锥形底圆桶形半封闭养殖池，进行集约化水产养殖，养殖尾水用过滤器、沉淀组合装置、生物膜反应器等设备处理。水质易

图 4 蟹-鲌池塘混养实例

控制，养殖水产品品质高，节省大量的土地和水资源，是一种通过多种设施设备和工艺设计，实现养殖水体反复循环利用，节约水资源并减少环境污染的养殖模式。

1. 技术要点

（1）养殖条件 前期成本高，养殖中的一些设备像水循环系统、增氧系统、尾水处理系统等都要投入大量的资金。陆基圆桶养殖的装备和设施组成有：陆基圆桶养殖池、进排水系统、气提推水系统、增氧系统、养殖尾水处理系统、发电机组等，有条件的可采用液氧、循环水处理系统、自动投料机、水质自动监测等设备。

（2）养殖操作 用氯制剂对池壁、池底进行消毒，进水时宜用 60～80 目网片过滤，放鱼种前 3 天施用免疫多糖、维生素 C，减少应激反应。当年 6 月上旬放鲌苗，体长达到 4～5 厘米，放养密度 30～50 尾/米³，当年 9 月可起捕上市；同时可继续放养一批晚苗，至次年 4—5 月上市。鱼种用 3% 的食盐水浸浴 5～10 分钟后再放养，浸浴时宜配套增氧设备。

（3）日常管理

①投喂做到"四定"：定质、定位、定时、定量。日投饲量为桶内鱼种重量的 15%～20%，每日投喂 1 次，并根据天气、鱼体增重和吃食情况合理调整投喂量。

②每天监测养殖水质，可使用水质在线监测系统，水体理化指标若有异常，应及时处理。每小时换水量在 5%～10%，定时排污，移除残饵、粪便等废弃物，定期使用微生物制剂调控水质。

③坚持"以防为主、防重于治"的原则，每隔3天镜检寄生虫一次，发现问题及时采取措施，并做好记录，严格按照《水产养殖用药明白纸（2024年2号）》安全用药。

2. 典型案例

在武汉霄垚农业科技有限公司（图5）进行了示范养殖，示范面积3 000米³，陆基桶66个。单个陆基养殖单元（40米³）放养5厘米鳜苗2 000尾，养殖成活率达80%以上，实现产量20千克/米³，产出800千克，产值4.8万元，利润1.5万元，养殖周期90～100天，1年养殖2批次。

图5　工厂化陆基圆池养殖模式实例

斑点叉尾鮰"江丰1号"

一、品种简介

斑点叉尾鮰"江丰1号"（图1），品种登记号为GS-02-003-2013。以2001年引进的美国密西西比州斑点叉尾鮰选育系中的6个高选择指数家系雌性个体为母本，以2003年引进的美国阿肯色州斑点叉尾鮰选育系中的6个高选择指数家系雄性个体为父本，杂交获得的F_1，即为斑点叉尾鮰"江丰1号"。在相同养殖条件下，18月龄体重比父母本自交子一代平均提高22.1%，比普通斑点叉尾鮰提高25.3%；个体间生长差异小，生长同步性较好。该品种适宜在全国各地人工可控的淡水水体中养殖。

图1　斑点叉尾鮰"江丰1号"

二、示范推广情况

斑点叉尾鲴"江丰1号"广泛应用于池塘养殖、工程化养殖、网箱养殖等多种模式中，近三年在全国近20个省、自治区和直辖市推广养殖，养殖面积超过36万亩，亩增产近20%，实现总产值70余亿元，总经济效益近20亿元，良种优越的生长性能得到广大养殖户好评，良种良法的推广应用促进了我国斑点叉尾鲴产业发展。

三、示范养殖模式

（一）池塘养殖模式

池塘养殖是斑点叉尾鲴养殖生产最为普遍的模式，其主要特征在于养殖水体独立封闭、水质稳定且人工可控、投资小、不受面积大小的限制、生产方便等。斑点叉尾鲴池塘养殖大多数采用精养和半精养方式，可以通过与滤食性鱼类及吃食性鱼类进行适当密度的混养，充分发挥饲料、生物饵料、肥料和水体的生产潜力，提高资源利用率。

1. 技术要点

（1）养殖条件　养殖场宜选择在水源充足、水质无污染的天然淡水水域附近，进排水方便，养殖用水和水源符合《渔业水质标准》（GB 11607—1989）的规定，养殖池塘的环境条件符合《农产品安全质量　无公害水产品产地环境要求》（GB/T 18407.4—2001）的规定；养殖池（图2）以长方形、东西向为佳；面积大小没有严格要求，小至1亩、大至千亩都可养殖，一般苗种培育池以5~20亩为宜，成鱼养殖池以10~50亩为宜；池埂坚实不漏水，池底平坦、底部淤泥保持10~15厘米；水深能够保持1.5米以上，以2.0~3.0米为佳；养殖池应配备增氧和投饵设备。

（2）苗种培育　放养前培育池应干塘晾晒10天以上，鱼苗下池前7~10天清塘消毒，1天后进水（用80~100目绢网过滤）至水深60~80厘米；放苗前3~5天，施用腐熟粪肥、肥水膏等培育生物饵料；放养时，开口水花鱼苗（俗称灰苗）可直接放养至池塘，未开口水花鱼苗（俗称黄苗）需先用水泥池、网箱等暂养至开口方可放养至池塘内，放养工作应选择晴天在池塘的上风口操作；放养密度根据是否中途分塘灵活调整，可选择按1万~1.5万尾/亩

图 2　池塘养殖模式养殖场

一次性投放培育成大规格鱼种，也可先按 5 万～10 万尾/亩培育至夏花鱼种，再按 0.8 万～1.0 万尾/亩分塘培育至大规格鱼种；鱼苗下池 3～4 天后，开始逐渐投喂蛋白含量 36％以上粉料，日投喂量为鱼体重的 15％左右，7 天后改用破碎料，15 天左右可改投粒径 1.0 毫米的颗粒配合饲料，投喂量控制在鱼体重的 10％左右，随后根据鱼体生长，逐步调整饲料粒径和投喂量；待鱼种长至 5 厘米左右时，适度搭配放养当年鲢、鳙鱼苗以稳定池塘水质；培育至当年 11 月，目标产量 750～1000 千克/亩，平均规格 100～150 克/尾。

　　苗种培育关键技术要点：野杂鱼清除干净，进水严格过滤，下塘前池内的饵料生物培育好，下塘鱼苗开口时间把握好，鱼苗转食及时投喂配合饲料，保持水质稳定。

　　（3）成鱼养殖　放养一般选择秋季或翌年的春季，水温 15～20℃、鱼种摄食强度无明显下降时或摄食量稳定回升时进行操作，具体放养日期要避开连续阴雨天，以连续晴天为佳，放养前按照苗种培育阶段要求进行清塘消毒和进水，水深保持 1.5 米以上，水体透明度控制在 30～40 厘米；具体放养密度视各地池塘条件、养殖习惯、技术水平、放养规格等而定，一般控制在 600～3 000 尾/亩，其中长江中下游地区控制在 600～1 500 尾/亩，广东、广西、河南和四川等地区控制在 1 800～3 000 尾/亩，适度搭配鲢、鳙等品种；放养鱼种过塘前需停食 1～2 天，放养后当天不投食，第二、三天恢复至停食前 1/3量，第四天恢复至 1/2，第五天恢复至正常量；投喂的配合饲料蛋白含量控制在 28％～36％，20℃以上水温日投喂量控制在鱼总重的 2％～3％，15～20℃

水温日投喂量控制在1％～2％，10～15℃水温日投喂量控制在0.5％～1％，10℃以下逐步改为间歇性投喂，投喂量控制在0.5％以下，投喂方式改为散点抛撒。长江中下游地区目标产量750～1 000千克/亩，两广及河南、四川等地区目标产量1 500～3 000千克/亩。

成鱼养殖关键技术要点：同池苗种规格整齐、无病无伤、放养尽量一次完成，养殖过程保持水质稳定，冬春季低温期保持适度投喂，投喂量不可过大，饲料粒径要适口，春季气温回升期投喂量切不可急升，高温和低温期选择沉性颗粒饲料。

（4）日常管理

①坚持日常巡塘，观察池鱼的活动状况和水质变化情况，发现问题及时分析、解决问题。

②合理开启增氧设备，保证溶解氧充足。

③定期抽样检查鱼体生长情况，及时调整投饲量。

④病害防治实行"以防为主、防治结合"的方针，发现病害及时对症施药。

2. 典型案列

盐城市大丰区金鹿水产合作联社位于盐城市大丰区，池塘养殖斑点叉尾鮰已有三十多年历史，2019年开始引进斑点叉尾鮰"江丰1号"良种进行养殖，经过多年示范推广，良种养殖面积已达到万亩以上，良种的生长优势得到了养殖户的广泛认可，通过良种良法的应用，养殖生产周期实现了从3年缩短为2年，并提高了饲料转化率，亩产量从原来的720千克提高至850千克，出池的商品成鱼规格整齐、品相好、市场价格高，亩效益达到近5 000元。

（二）池塘工程化循环水养殖模式

池塘工程化循环水养殖模式（图3）是一种池塘内设施化养殖模式，养殖系统由推水区、水槽养殖区、集排污区、净化区、机械配套区等5个部分组成。该模式利用占池塘面积5％左右的水面建设养殖水槽作为斑点叉尾鮰养殖区，养殖区产生的粪便、残饵经流水沉淀至集排污区通过集中排污至池塘外进行处理，养殖区的高营养水随着水流自动流到净化区（占95％左右的池塘水面），通过浮游生物、水生植物以及滤食性鱼类和贝类进行氮磷吸收净化后回流至养殖区上游，经气提增氧推水再次进入养殖区给斑点叉尾鮰提供舒适的生长环境，实现养殖周期内养殖尾水零排放、循环使用。

图3 池塘工程化循环水养殖模式

1. 技术要点

（1）养殖条件 因地制宜流转低洼地开发池塘，规模可大可小，100亩至1 500亩皆可，按照池塘水面积的5％左右比例建设流水槽，流水槽长度控制在20～25米，宽度控制在5～20米，水深控制在2.0～2.5米，水槽建设充分考虑池塘的形状选择合适的位置，保障尾水净化充分；系统配备应急发电设备、全自动智能化投料机、DO实时在线监测设备等智能水质监测和远程自动控制系统，保障养殖区溶解氧等水质参数稳定；集排污设置粪便、残饵定期抽排装置；净化区用水生植物、浮游生物、滤食性鱼类和贝类及少量高值品种搭配构建水生态原位修复系统，适时配合使用微生态制剂，使养殖区来水中的营养盐能够被有效吸收，保障循环至养殖区的水质良好。

（2）养殖管理 水温稳定至15℃以上，待鱼种摄食稳定后，选择150～500克/尾健康鱼种放养，每个养殖槽放养的鱼种应规格整齐。养殖方式可采用一次性放养养成或分级配套放养，规格150～200克/尾鱼种可按照80～100尾/米²一次放养至养成或120～150尾/米²养至500克/尾左右时进行分槽养殖至上市，200～300克/尾鱼种可按照70～90尾/米²一次性养成或100～120尾/米²养至500～600克/尾时进行分槽养殖至上市，400～500克/尾鱼种可按照60～80尾/米²直接养成且可一年养殖多茬。投喂的配合饲料蛋白含量在30％～36％，日投喂量较池塘养殖提升5％～10％，日投喂次数较池塘养殖增加 1～2 次。目标产量 75～120 千克/米^2。

养殖期必须保持 24 小时电力供给，定期维护增氧系统，如鼓风机添加机油、检查气提装置曝气管或曝气盘的出气情况，保障增氧系统正常运行；检查水槽两侧防逃网是否破损，发现破损及时修补。

2. 典型案列

江苏苏渔水产科技有限公司位于江苏宿迁市，该公司现拥有斑点叉尾鮰池塘工程化循环水养殖面积 4 100 余亩，通过引进斑点叉尾鮰"江丰 1 号"良种和养殖技术提升，按照分级养殖模式，流水槽养殖产量达 100 千克/米^2，生产成本 1 300 元/米^2，销售价格 20 元/千克，每平方米产值达 2 000 元、利润 700 元。同时在水质净化区可收获净水鱼 150～250 千克/亩，销售收入达 1 500～2 000 元/亩，利润为 1 000～1 500 元/亩。生产的斑点叉尾鮰商品鱼肉质紧实、无土腥味、品质安全，受到连锁餐饮企业的好评，商品鱼供不应求，经济和生态效益显著。

（三）网箱养殖

除池塘养殖外，网箱养殖也是斑点叉尾鮰养殖常见模式，通过在河流、水库等天然水体中设置由聚乙烯网片或金属网片等耐腐蚀材料制成的一定形状的箱体，将鱼种高密度圈养在箱体中进行生产，通过网箱内外水体的交换，能够源源不断补充高溶解氧水，残饵及代谢产物可通过网孔及时排出箱外，为鱼类提供舒适的生长环境条件，从而实现大水体、小网箱、高密度、精喂养、高产值、高效益的养殖模式。

1. 技术要点

（1）养殖条件　选择远离航道和码头、背风向阳、旱季水深能保持在 3.5 米以上、洪水季节水深能保持在 5.5 米左右的水交换条件好的库湾、宽阔的河段，或水库上游的河流入口处（上游及周边地区无化肥厂、农药厂、造纸厂等污染源）。水质符合养殖用水标准，网箱设置区水体应有微流水、水质清新、溶解氧丰富、底质没有太深淤泥；养殖区流速以 0.05～0.2 米/秒为宜，常年风力以不超过 5 级较好。每只箱应单独固定，箱体间距保持在 1.5 米左右；网箱大小根据养殖规模、养殖习惯、水域条件而定，常见规格有 5 米×5 米×3 米或 6 米×6 米×4 米，网眼大小视鱼体规格而定，以鱼不能自然通过为上限；网箱内侧水面上下 20 厘米布设一层密眼网，以防止饲料漂流至箱体外，造成浪费；箱体上口用网封闭，防止大型鸟类叼食正在水面摄食的斑点叉尾鮰，或受到自然灾害及箱体上沿口意外下脱入水时防止斑点叉尾鮰外逃。

（2）养殖管理　选择水温回升至20℃时进行放养操作，可采用二级放养。一级是8～10厘米的鱼种放养密度为100～150尾/米³，养殖到尾重150～200克。二级是尾重达150克以上时重新分箱，养殖密度调整为40～50尾/米³，养殖至1 000～1 500克/尾出箱，具体密度根据养殖水域的水体交换条件、水域的深度而定，同时还应结合养殖者的经济条件和技术水平而灵活调整。网箱中可以搭配放养鲢、鳙、鳊、鲴等品种以调节水质和控制网衣上的着生藻类。鲢、鳙一般每平方米放养3～5尾，规格30～100克。网箱养殖鱼种阶段饲料蛋白质含量建议不低于36%，成鱼阶段不低于30%。随着鱼体不断长大，调节好养殖密度，提高效益，可分批起捕上市。

2. 典型案列

山东大洋农牧科技发展有限公司位于山东省枣庄市，2020年开始引进斑点叉尾鮰"江丰1号"良种进行网箱养殖，单个6米×6米×4米网箱产量从原来的5 000千克提高至6 500千克，出箱的商品成鱼规格大且整齐、品相好、耐运输、市场价格高，单个网箱效益达到10 000元以上。

中国对虾"黄海 6 号"

一、品种简介

中国对虾"黄海 6 号"（图 1，品种登记号 GS-01-008-2023）是以 2015 年从中国对虾"黄海 5 号"核心育种群体和朝鲜半岛西海岸收集的野生群体为基础群体，以低温耐受性、WSSV（白斑综合征病毒）抗性和收获体重为目标性状，采用家系选育技术，经连续 5 代选育而成。在相同养殖条件下，与未经选育的中国对虾相比，低温半致死存活率、WSSV 感染后半致死存活率和 210 日龄体重分别提高 32.22%、27.74% 和 41.27%；与中国对虾"黄海 5 号"相比，低温半致死存活率、WSSV 感染后半致死存活率和 210 日龄体重分别提高 15.73%、11.33% 和 14.86%。适宜在我国中国对虾主产区水温为 15～30℃和盐度为 20～33 的人工可控的海水水体中养殖。

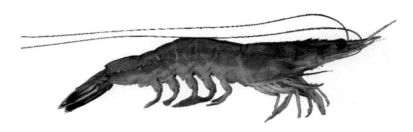

图 1　中国对虾"黄海 6 号"

二、示范推广情况

该品种适合在河北、辽宁、山东、浙江、江苏、天津等对虾海水养殖区养殖。目前中国对虾示范推广基地主要分布在河北和辽宁地区,建立集成示范基地 2 个,规模合计为 4 000 亩。河北省唐山市曹妃甸区建立示范基地 1 个,基地规模为 2 000 亩;辽宁省丹东东港市建立示范基地 1 个,基地规模为 2 000 亩。示范推广养殖总面积约 7.1 万亩。

三、示范养殖模式

鉴于中国对虾的生物学特点,高密度养殖并不适合中国对虾养殖产业的规模化发展,目前中国对虾养殖模式主要是池塘绿色生态养殖。为充分发挥对虾、鱼、蟹、贝类等生物在池塘中的生态位互补优势,建立了以中国对虾作为主要养殖品种,科学搭配其他多种经济水产动物(如海蜇、缢蛏、三疣梭子蟹和海水鱼等)的池塘生态养殖技术工艺,采取生态调控疾病防治技术等措施,构建良好的中国对虾生态养殖系统。

(一)中国对虾-红鳍东方鲀混养模式

中国对虾与红鳍东方鲀的混养模式是一种高效的水产养殖方式,能够充分利用水体资源,提升经济效益。对虾主要活动在水体底层,红鳍东方鲀则在中上层,两者混养可充分利用不同水层,提高空间利用率。红鳍东方鲀能捕食病弱对虾,减少病害传播,有助于维持养殖环境的健康。混养可增加单位面积产量,降低风险,提升整体收益。

1. 技术要点

(1)养殖前期准备工作

①整池、清塘。对虾全部收获之后,应将养殖池、蓄水池、沟渠等内积水排净,进行堤坝闸门维修加固、修补渗漏、池底清污、底泥翻耕、封闸晒池等工作,此工作一般在冬季开展。

②消毒除害。3月中旬以后,进行养殖池、蓄水池及所有沟渠内不利于对虾养殖的敌害生物、病原细菌及携带病原的中间宿主等的清除工作。消毒药物可选用含氯消毒剂、含碘消毒剂、氧化剂等。消毒方法通常采用水溶液消毒,可向池内注水至水深 10~20 厘米,药物溶入水后均匀泼洒,2 天后排干,再进水至水深 20~30 厘米,2 天后再排干,连续冲洗 2~3 次。也可将池水加满,使用足量的药物一次性消毒除害。

③进水及繁殖基础饵料。

进水：消毒除害 10 天后，便可开始进水。进水至水位 80～100 厘米，进水处安装 60～80 目的进水网，避免敌害生物进入虾池。

饵料繁殖：进水后进行动物饵料的人工接种繁殖，接入前要进行病原检测，防止带入特定病原。经常使用的动物性饵料有伪才女虫、蜾蠃蜚、藻钩虾、篮蛤和拟沼螺等。饵料生物接种后无需换水等特别管理，但需定时定量投喂以达到快速繁殖的目的。多数天然饵料动物摄食有机碎屑，另可投喂豆粕、玉米粉等。

（2）放苗和投喂

①苗种选择。必须选择无特定病原的 SPF 种苗，苗种大小均匀、肠道清晰、健康、活力好。

②放苗密度。一般放虾苗密度为 3 500～4 000 尾/亩，虾苗体长 1 厘米；每亩投放体重 250～300 克的 1 龄红鳍东方鲀 50 尾。

③放苗条件。虾池日最低水温应在 14℃以上，适宜温度在 16℃以上。盐度为 32 以下，pH 在 7.8～8.6，且应该避开大风、暴雨天放苗。养殖池水盐度与虾苗培养池盐度差不应超过 5。

④饵料投喂。对于培养好基础饵料的养殖池，放苗 5～10 天内无需投喂。放苗 10 天后逐渐开始投喂人工饵料，人工饵料以配合饲料为主，前期投喂量为体重的 10%～8%，中期为 8%～6%，后期为 6%～4%。

在投喂配合饲料的同时，可以辅助投喂动物性饵料。养殖前期以卤虫成体为主，养殖中后期以鲜活篮蛤为主。前期投喂量为体重的 10%～8%，中期为 15%～10%，后期为 8%～6%。养殖阶段每日投喂 3～4 次，每次投喂量为日投喂量的 30%、30%、40%（投喂 3 次）或 20%、30%、20%、30%（投喂 4 次）。严格对投入品进行病原检查，防止携带特定病原，同时通过添加益生菌发酵饲料，改善对虾肠道生态环境。

（3）日常水处理　养殖过程中通过对养殖所用源头水进行处理，切断病原通过水源传播的途径，实现生态、安全的集约化养殖。通过定期添加有益菌（芽孢杆菌、蛭弧菌、乳酸菌、光合细菌等）改良池塘养殖微生态环境，科学利用环保类化合物（如漂白粉、生石灰等）调节池塘的溶解氧、pH、微生物等。养殖过程中根据水质情况换水，以添加水为主补充渗漏的水和调节盐度。

（4）病害防治　从前期准备到整个养殖生产过程，应以防为主，层层严格把关，避免各种对虾病害的侵入。做好前期准备工作后，应投放健康无病毒苗种，以防病毒的垂直传入。养殖期投放益生菌改良池塘微生态环境，控制有害细菌数量，同时添加益生菌发酵饲料，改善对虾肠道生态环境，控制病原菌在水体及虾体内的定殖。饵料应选择优质配合饲料，鲜活饵料要严格消毒，避免病毒的水平传入。根据不同水产动物的生活习性进行科学化搭配，实现养殖池塘内多层次立体化养殖，更好地利用不同养殖生物的生态位，控制对虾亚健康群体，可有效防止疾病传播。

2. 典型案例

2023 年，唐山市曹妃甸区会达水产养殖有限公司采用中国对虾和河鲀混养模式，每亩投放体长 1 厘米的中国对虾苗 4 500 尾，投放体重 250～300 克的 1 龄红鳍东方鲀 50 尾。至收获时，收获中国对虾 80 千克/亩，规格 26 尾/千克，成活率 56%；每亩红鳍东方鲀产量 40 千克，规格 0.9 千克/尾，成活率 95%。中国对虾和河鲀混养模式优势在于河鲀鱼能够吃掉病虾，切断传染途径，降低疾病的发生率，并且能够提高产量和效益，实现每亩产值达到 10 000 元左右。

（二）中国对虾-三疣梭子蟹混养模式

1. 技术要点

（1）养殖条件　养殖池面积一般应在 30 亩以上，泥沙质底，池底淤泥厚度不超过 5 厘米。池深要达到 2.0 米以上。进、排水渠道分开设置，距离 200 米以上。

（2）放苗密度、规格　4 月中下旬（水温稳定在 16℃以上）放虾苗，虾苗体长 0.8～1.0 厘米，密度每亩 0.4 万～0.6 万尾。

5 月上旬左右（水温稳定在 18℃以上）放蟹苗，蟹苗规格为Ⅱ期幼蟹，每千克 1.2 万～2 万只，放养密度为 300～800 只/亩。

（3）放苗条件和方法　放苗时应选择晴朗、无大风天气，池水透明度为 30～40 厘米。养成池盐度为 25～35，水温稳定在 16～18℃。虾苗培养池与养殖池水体盐度差应小于 5，水温差应小于 5℃。

在池边上风口放苗。放苗时先将苗袋放入池中进行过渡，5～10 分钟后打开袋口，分 2～3 次灌入部分池水，再将虾蟹苗均匀缓慢放入池塘中。

（4）养殖管理　养殖前期以添加水为主，每次添加5厘米，直到水位达到1.5米以上。6月中旬开始，视水质情况进行换水，每次换水10厘米左右。7月中旬之后，每次换15厘米左右。根据池塘底质、水质变化情况，结合池水中藻相和菌相，从7月初开始酌情使用底质改良剂，直到收获。

2. 典型案例

2023年，唐山市曹妃甸区会达水产养殖有限公司采用中国对虾和三疣梭子蟹混养模式，每亩投放体长1厘米的中国对虾苗4 500尾，投放Ⅱ期三疣梭子蟹幼蟹100～150克/亩。至收获时，收获中国对虾80～90千克/亩，规格24～26尾/千克，成活率56％；每亩收获三疣梭子蟹25千克，规格150～250克/只，成活率95％。两者混养能够提高产量和效益，实现每亩产值达到12 000元左右。

（三）中国对虾-日本对虾轮养模式

1. 技术要点

中国对虾和日本对虾轮养模式优势在于提高虾池的利用率，在不影响中国对虾正常养殖的情况下，一个虾池多养一茬日本对虾，提高了虾池的经济效益，近年来日本对虾的价格节节攀升，大幅提高了单位养殖面积的整体效益。但由于养殖的两种对虾存在携带病原的情况，养殖风险提高，养殖成功率可能会受到影响。

（1）放苗密度　两个相邻的养殖池为一组，一池放养中国对虾，另一池放养日本对虾。中国对虾养殖池亩放苗8 000尾左右，日本对虾养殖池亩放苗量5 000尾左右。

（2）放苗时间　中国对虾4月中旬放苗，日本对虾5月中旬放苗。

（3）日常管理　日本对虾7月中旬后开始出池上市，日本对虾大部分出完池后，将中国对虾养殖池的苗种一分为二，再接力进行中国对虾养殖。

2. 典型案例

2023年唐山市曹妃甸区会达水产养殖有限公司以两个养殖池塘为一组进行中国对虾、日本对虾双茬养殖，一个池塘放养中国对虾苗种，亩放苗量8 000尾左右，按中国对虾养殖技术规范养殖；另一个池塘放养日本对虾苗种，亩放苗量5 000尾左右，按照日本对虾的养殖技术规范管理养殖。到7月下旬日本对虾达到上市销售规格，收获28千克/亩，规格80尾/千克。至8月初大部分日本对虾出池后，将另一个池塘养殖的中国对虾一半数量放到原来的日本对虾养殖池塘养殖。经过一段时间养殖，到 10 月上旬两个池的中国对虾再上市销售。收获中国对虾 80～90 千克/亩，规格在 24～26 尾/千克。通过池塘养殖品种交替，实现一季双茬养殖，提高了池塘的利用率。每亩提高对虾产量 28 千克，每亩提高产值 8 500 元左右。

（四）中国对虾-海蜇-缢蛏混养模式

1. 技术要点

（1）**养殖条件** 养殖池面积一般 30 亩以上，泥沙质底，池底淤泥厚度不超过 5 厘米。水深应达到 1.5～2.0 米。养殖缢蛏需要构建蛏台，台上水位 0.4～1.4 米。进、排水渠道应分开设置，进水口远离排水口。

（2）**放苗密度** 一般每亩放养 1 厘米左右的中国对虾苗种 4 000～5 000 尾，伞径 3～5 厘米的海蜇苗种 200～300 片，壳长 1～2 厘米的缢蛏 13～17 千克。

（3）**放苗条件** 4 月底，自然水温稳定在 14℃以上放对虾苗种。5 月下旬，水温稳定在 20℃以上放海蜇苗种，30～50 天一茬，放养 2～3 茬。4 月上旬，水温 10℃以上，在进水消毒半月后放贝类苗种。放苗时应选择晴朗、无大风天气，苗种培养池与养成池水盐度差应小于 5，温度差应小于 5℃。

（4）**饵料投喂** 中国对虾饵料投喂：体长 6 厘米之前，少量投喂人工配合饲料和小卤虫。6 厘米以上以投喂大卤虫、篮蛤等鲜活饵料为主，以投喂配合饲料为辅。5 月中旬至 6 月中旬投喂大卤虫，6 月中旬至 8 月中旬投喂篮蛤，篮蛤粒径由小到大逐渐增加。鲜活饵料投喂量为对虾体重的 30%～50%，配合饲料为对虾体重的 4%～5%。饵料全池投喂。虾苗体长 6～8 厘米时，每天上午一次性投喂；9～11 厘米时，7：00—8：00 投喂一次，16：00—17：00 投喂一次，两次投喂量相等；11 厘米以上时，每天上午一次性投喂。

海蜇饵料投喂：海蜇苗种放养 10 天之后，开始投喂海蜇生态合成饵料，加水搅拌成悬浊液全池泼洒，日投喂量为每亩 1.5～2 千克。有条件的养殖场可以将人工配制的面包酵母菌液作为添加饵料投喂。

2. 典型案例

2022 年，辽宁丹东海珍品养殖基地采用中国对虾-海蜇-缢蛏混养模式，中国对虾每亩放 4 000～5 000 尾，规格为 1 厘米左右；海蜇每亩放 200～500 个，伞径 3.0 厘米以上；缢蛏每亩放 13～17 千克，规格 6 000 粒/千克。7 月开始捕捞，海蜇亩产可达 250～400 千克，中国对虾亩产 25～100 千克，缢蛏亩产 250～300 千克。综合比较，每亩成本在 5 000～6 000 元，每亩净利润在 3 000～5 000 元。

凡纳滨对虾"海兴农2号"

一、品种简介

凡纳滨对虾"海兴农2号"(图1),是由广东海兴农集团有限公司、广东海大集团股份有限公司、中山大学、中国水产科学研究院黄海水产研究所合作培育的自主选育品种,品种登记号:GS-01-004-2016。

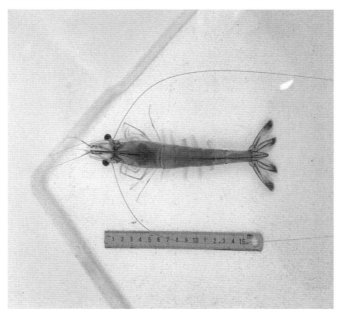

图1　凡纳滨对虾"海兴农2号"

1. 品种来源

"海兴农2号"利用从美国夏威夷、佛罗里达、关岛和新加坡等地区引进的 8 个亲虾群体，以生长和成活率为选育目标，采用最佳线性无偏预测（BLUP）技术经连续 5 代选育而成。

2. 品种特性

凡纳滨对虾"海兴农 2 号"生长速度快，相同养殖条件下体重较市场商品苗高 11.9% 以上，个体规格整齐；抗逆性强，养殖成活率相比市场商品虾苗高 13.8% 以上。

二、示范推广情况

"海兴农 2 号"适养地区包括广东、海南、广西、福建、浙江、江苏、山东、河北等，适宜在我国凡纳滨对虾养殖主产区人工可控的海水及咸淡水水体中养殖。在广东、广西、福建和浙江等凡纳滨对虾主养地区连续 2 年的中试对比养殖结果表明，在相同养殖管理条件下，"海兴农 2 号"平均成活率达到 60.0%～85.3%，平均亩产达到 250～500 千克，相比对照的商品虾苗，增产幅度在 10%～30%。

"海兴农 2 号"推广规模在 2024 年达到 71.8 万亩，平均产量 950 千克/亩，带动养殖农户 4 000 户，产出利润率 32%。

三、示范养殖模式

(一) 土塘精养模式

养殖地环境和水质条件要求符合我国水产养殖的相关规定，通水、通电、交通方便，环境无污染，水源丰富、水质洁净。池塘面积 1 000～10 000 米^2，进水、排水管道分开设置。

1. 技术要点

(1) 清塘做水　苗种放养前将养成池、蓄水池、沟渠等内积水排净，封闸晒池，维修堤坝、闸门，并清除池底的污物杂物。沉积物较厚的地方，应翻耕暴晒或反复冲洗，促进有机物分解。清淤整池之后，对池体进行消毒除害，可用生石灰。将池水排至深 0.1～0.2 米，全池施用生石灰，用量 250～400 千克/亩。清塘消毒后，虾苗放养前 7～10 天，用 60 目以上的袖状筛网过滤进水，至水深 1.2～1.5 米，用漂白粉 20～30 千克（亩·米）进行水体消毒，曝气 2～3 天，至无余氯检出。

（2）试水放苗　放苗前试水 1 天，虾苗情况良好，成活率达 95％以上，可放苗。若用淡水或地下低盐度水养殖，应对池水进行离子成分分析。经调节达到养虾要求方可放苗。使用淡水或低盐度水养殖时，淡化虾苗池水盐度与待放苗池水盐度差不超过 3。

（3）投喂管理　养殖投喂配合饲料粗蛋白含量以 30％～40％为宜。根据对虾规格、蜕壳情况、天气状况、水质与底质情况综合确定每日投喂量。每日投饵 2～4 次，投饵率根据对虾规格灵活调整，对虾摄食时间控制在 2 小时内。采取投料机投喂更佳。

（4）水质管理　整个养殖期间水质指标保持以下范围：pH 7.5～8.5，溶解氧 5 毫克/升以上，氨氮 0.5 毫克/升以下，亚硝酸盐 0.2 毫克/升以下。

根据水质情况按照产品说明使用枯草芽孢杆菌、光合细菌等微生态制剂，以分解有机物、抑制有害菌的生长、维持稳定的单胞藻数量，但注意不能与消毒剂同时使用。养成期间视天气情况、虾活动情况开增氧机，确保溶解氧 5 毫克/升以上。养殖 60～90 天虾体长 10 厘米以上，采用地笼网捕大留小，及时将达到商品规格的虾捕捞上市，以保持池内合理的养殖密度。

2. 典型案例

广东省中山市坦洲镇养殖大户黄先生，共有养殖面积 300 亩，以土塘精养为主。2024 年投放"海兴农 2 号"苗，平均亩产 1 000～1 750 千克，年产成虾 650 吨，平均售价 16 元，产值 2 080 万元。

（二）高位池养殖模式

养殖地环境和水质条件要求符合我国水产养殖的相关规定，通水、通电、交通方便，环境无污染，水源丰富、洁净。池塘面积 1 000～2 500 米²，进水、排水管道分开设置，最好配备蓄水池。

1. 技术要点

（1）清塘洗塘　出完虾后，排干池水，用高压水枪冲洗底膜和增氧机等设备，清除池底的污物杂物，晾晒 2～3 天。

（2）进水消毒及调水　从蓄水池抽取预处理过的海水到养殖池，用漂白粉 50～75 千克/（亩·米）消毒，打开增氧设备进行曝气；曝气 2～3 天，至无余氯检出。

检测各项水质指标是否在合理范围之内，针对性调节水质，如补肥、补菌等。

（3）试水放苗 放苗前试水1天，虾苗情况良好，成活率达95％以上，可放苗。根据池塘条件和管理水平，放苗密度控制在20万~40万尾/亩。

（4）投喂管理 起始投喂量建议为每天每万尾苗100克，可分两餐投喂，慢慢增加到3~4餐/天。前期虾上料台前，每天加料量10％；虾上料台后，根据摄食情况、天气、温度等变化灵活调整投喂量和加料量。

（5）水质管理 整个养殖期间水质指标保持以下范围：pH 7.5~8.5，溶解氧5毫克/升以上，氨氮0.5毫克/升以下，亚硝酸盐0.2毫克/升以下。

放苗后3天左右开始排污、少量加水；之后每天喂料前、虾摄食完后各排污1次，全天加水量和排水量相当。建议使用自动排污设备，可全天候、灵活调控排污次数，更有利于水质维护。

2. 典型案例

广东省湛江市徐闻县西连镇养殖大场金辉水产养殖有限公司，自2022年1月起，连续多批投放"海兴农2号"苗，19口塘（每口塘2亩）每批570万尾，用大土塘储水，并用二级消毒池进行预处理，采用高位池养殖模式。养殖过程中每个月打样一次，放苗30天规格300~360尾/千克，放苗60天规格120~140尾/千克，养殖80~100天卖完全部虾，平均一口塘产4 400千克虾，平均亩产值114 400元，亩产效益超5万元。

罗氏沼虾"南太湖3号"

一、品种简介

罗氏沼虾"南太湖3号"品种登记号为 GS-01-009-2022，生长速度快。在相同养殖条件下，与罗氏沼虾"南太湖2号"相比，150日龄体重提高21.2%，成活率相对提高5.1%。适宜在全国水温22～32℃和盐度0～3的人工可控的水体中养殖。

二、示范推广情况

罗氏沼虾"南太湖3号"广泛应用于池塘、稻田、盐碱水等水域的单养或多品种混养模式中，近三年在全国27个省、自治区和直辖市推广养殖，养殖面积超过80万亩，亩均效益增加3 000元以上。利用设施化大棚接力池塘，罗氏沼虾"南太湖3号"在助力新疆、宁夏等地盐碱水开发方面发挥了积极作用。河蟹套养罗氏沼虾"南太湖3号"技术有效提升了浙江、江苏、安徽等地池塘养殖利用率。

三、示范养殖模式

(一)棚塘接力养殖模式

罗氏沼虾棚塘接力养殖模式是一种结合温室大棚和池塘的分阶段养殖方法，通过分阶段管理和环境控制，提高了养殖效率和产量，降低了养殖风险。前期在温室大棚内进行早期养殖，控制水温、水质等环境条件，促进虾苗快速生长；后期待虾苗达到一定规格后，转移至池塘，利用自然条件进一步养殖。

该技术可显著提高虾苗成活率，缩短整体养殖周期，提高单位面积产量，实现精准化管理。

1. 技术要点

（1）标粗大棚建设　单独或在成虾养殖池内选择避风向阳一边建标粗大棚（图1）；大棚内幼虾培育池应靠近水源，要求水质好，进、排水方便，交通便利，供电正常。使用钢管作为大棚的骨架，形成圆弧形的结构（图2）。将钢管焊接成钢梁，每根钢梁的长度在12~18米为宜。钢梁间距为60~80厘米。棚顶用塑料农膜覆盖，外层用尼龙网或绳索压紧，四周用土夯实。大棚四周应挖好排水沟，防止雨水渗入培育池内。培育池面积一般为500~1 200米^2，坡比以1：（1.5~2）为宜。培育池水位应保持在120~150厘米。在排水口外设集苗池，面积为10~20米^2，集苗池底应比培育池底低40厘米，以便大规格幼虾出池时可排水集苗。

图1　罗氏沼虾标粗棚外部搭建

图2　罗氏沼虾标粗棚内部搭建

（2）加温和增氧设施配套　每 600 米²大棚池配备一台 500～1 000 升的加温设备。大棚的增氧采用气泵配套散气石，每 600 米²的大棚配备一台 1.1 千瓦的气泵，气泵放在大棚的中部，通过直径 40 毫米塑料管由中央向两端送气。散气石通过软管与送气管相连，一般每 3～5 米²设一个散气石。也可在池底铺排微孔曝气管增氧。

（3）大棚标粗　选择国家级或省级罗氏沼虾良种场生产，并已完成淡化培育，体长 0.8～0.9 厘米，规格整齐，健康无病的优质虾苗。

加温大棚标粗模式的放苗时间为 1 月上旬至 3 月下旬，大棚培育池水温稳定在 25 ℃以上，经虾苗试水 24 小时，确认安全后即可放苗；放苗密度根据大棚内养殖时间而定，以 800～1 200 尾/米²为宜。为提高幼虾培育成活率，建议放苗前 3 天大棚水温最好在 26～28 ℃，一周后稳定在 25～26 ℃。

简易大棚标粗模式放苗时间为 3 月下旬至 5 月上旬，不使用锅炉，其他设施和饲养管理方法同加温大棚标粗模式。标粗所用饲料以微颗粒配合饲料为宜，根据不同的培育阶段，日投喂量为虾总体重的 5%～15%。每天早中晚各投喂 1 次。定期更换新水，充气增氧，溶解氧保持在 5 毫克/升以上，水温控制在 22～26 ℃，pH 为 7.5～8.5。

（4）棚塘接力　放苗前 1～2 个月，清整池塘，全池按照每平方米施用 0.2 千克生石灰消毒。清塘消毒后，虾苗放养前 15～25 天，用 60 目筛绢过滤进水，至 0.7～1.0 米，每平方米施发酵有机肥 0.12～0.23 千克或无机肥 1.5～5.0 克，培肥水体。当大塘水温稳定在 22 ℃以上时，经幼虾试水安全后即可出苗；放苗前 2～3 天，用大塘水试养健康虾苗 24 小时以上，虾苗仍安全则可以放苗，放苗后即可接力养殖（图 3）。

（5）成虾养殖　5 月上旬，开始放养第一茬幼虾，幼虾体长为 2.5～5.0 厘米，放养密度为 2 万～2.5 万尾/亩。5 月底至 6 月上旬，开始放养第二茬幼虾，幼虾体长为 2.0～3.0 厘米，放养密度为 1.5 万尾/亩。配合饲料粗蛋白含量 39%以上。每天的投饲率根据池存虾数量、体重来估算。池塘养殖每天投喂饲料 2 次，6：00—7：00 投 40%，17：00—18：00 投 60%。

苗种放养时池塘水深 1.0～1.2 米，以后每隔一周提高 10 厘米，在 6 月中旬达到 1.5～2.0 米，保持水位。养成中后期，视水质情况，酌情换水，每次换水量不超过 20%。尾水经处理合规排放。每隔 10～15 天，在天气晴好的上

图 3 大规格罗氏沼虾苗种标粗后捕捞现场

午，全池泼洒生石灰 15 毫克/升，与漂白粉（1.0～1.5 毫克/升）或二氧化氯（0.3～0.4 毫克/升）交替使用，以消毒水体。

另外，根据虾池水质和虾的生长情况，不定期使用有益微生物制剂改善水质，用法及用量参照使用说明书。养殖期间应保持如下水质指标：透明度20～30 厘米，水色黄绿色或黄褐色，pH 7.5～8.5，溶解氧在 5 毫克/升以上，氨氮 0.5 毫克/升以下，亚硝态氮 0.1 毫克/升以下。

2. 典型案例

位于嘉兴市嘉善县惠民街道明方家庭农场的试验基地通过实施大棚标粗加池塘接力养殖模式，实现了罗氏沼虾的高效养殖。该基地采用了先进的温棚标粗技术，通过精确控制水温、调控水质和科学合理的饲料投喂，显著提高了虾苗的成活率和生长速度。标粗期间，水温保持在 26～28℃，在 60 天的加温大棚标粗周期内，虾苗成活率达到 79%，平均体重增长至 0.7 克/尾。随后，虾苗被转移到简易大棚中接力培育 30 天，成活率达到 88%，平均体重增长至 5 克/尾。4月底再转至室外池塘进行接力养殖，池塘经过标准化改造，配备了微孔底增氧设备和生态净化系统，确保了水质的稳定和健康。在接力养殖阶段，合理控制饲料投喂量和蛋白质水平。经过 30 天的养殖，成虾平均体重达到 16 克/尾，亩产量达到 290千克，成活率在 60% 以上。经济效益分析显示，该模式下罗氏沼虾的平均养殖成本为 36 元/千克，平均市场售价可达 62 元/千克以上，亩均纯收入超过 7 540 元。

（二）"一稻两虾"综合种养模式

湖北、安徽、浙江等地传统的稻虾综合种养模式以克氏原螯虾（即小龙虾）为主，近年来，克氏原螯虾病害暴发、集中上市、价格波动等因素极易影响养殖收益，亟须探索稻田综合种养新模式。罗氏沼虾壳薄体肥、肉质鲜嫩、营养丰富，具有生长快、养殖周期短、价格平稳、适宜夏季高温养殖的特点，已成为替代克氏原螯虾的稻虾综合种养新品种。目前，已在湖北、安徽、浙江等稻田种植区域应用推广，面积达 2 万余亩，实现稻田亩均利润提高 3 000 元以上，发展势头良好，前景广阔。

1. 技术要点

（1）稻田设施建设　稻田面积一般以 8～15 亩为宜，沟坑宜在沿田埂内侧 60～200 厘米处开挖，可根据稻田面积挖成环形、U 形、L 形、I 形等形状。沟坑面积不超过稻田总面积的 10%。开沟土用于加高加宽外侧田埂，确保稻田水深可达 80 厘米（图 4～6）。环沟内每个侧边安装 1 台 1.5 千瓦的推水增氧机或底增氧设备。

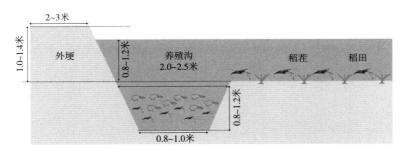

图 4　稻罗氏沼虾种养模式示意图

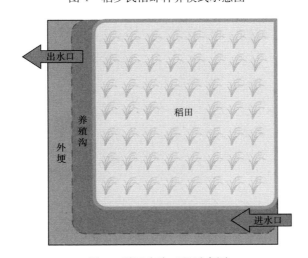

图 5　稻田改造工程示意图

图 6   一稻两虾种养模式田间现场图

（2）放苗前的准备   放沼虾前 10 天，稻田内进水至比田面高 10 厘米后，每亩用 100～150 千克生石灰，兑水化浆后趁热均匀泼洒整个稻田和虾沟，每年 3 月下旬在虾沟内种植一定量的水草。

（3）一稻两茬虾（罗氏沼虾）

①第一茬罗氏沼虾养殖。2 月上旬，进行温棚标粗处理，棚内虾苗放养前 5～7 天进水，使水位保持在 60～70 厘米。经过 2 个多月的标粗，5 月初投放规格为 300～500 只/千克沼虾标粗苗，稻田放养密度以 10 000～12 000 尾/亩为宜。6 月下旬，沼虾一般可达 40～60 尾/千克，使用定制的拖网捕捞。

②第二茬罗氏沼虾养殖。7 月初，投放沼虾标粗苗（500～800 只/千克），稻田环沟放养密度以 10 000～12 000 只/亩为宜。经过近 3 个月的环沟养殖，即 9 月下旬，沼虾一般可达 50～80 尾/千克，可捕获售卖。

（4）一稻两茬虾（小龙虾＋罗氏沼虾）

①第一茬克氏原螯虾养殖。在头年 10 月初，选取克氏原螯虾 15～20 千克，雌雄比为（2～3）∶1。4 月下旬开始，捕大留小进行售卖，一直持续到 5 月上旬卖完，整理稻田。

②第二茬罗氏沼虾养殖。5 月中旬，投放沼虾标粗苗（300～500 只/千克），稻田环沟放养密度以 10 000～12 000 只/亩为宜。经过近 2 个月的环沟养殖，6 月底沼虾一般可达 60～80 尾/千克，可捕获售卖。

（5）水稻种植   第一茬沼虾或者克氏原螯虾捕捞完，播种前 7～10 天，一次性施足完全腐熟的有机肥，按照每亩 300～400 千克的用量，均匀撒在田面并用机器翻耕耙匀。7 月初，选择抗倒伏、抗病害、秸秆高、生长周期较长的水稻品种，采用植株 20 厘米以上的秧苗进行插秧种植。

（6）种养管理

①用水管理。高温季节要注意换排水，并保持水深 60 厘米以上，防止稻田水温过高引起虾死亡。水稻生长初期，水位保持在 3～5 厘米，让水稻尽早返青，水稻生长中后期，水位保持在 15 厘米左右。

②投喂管理。养殖前期，日投饲量为虾体重的 8%～10%；养殖中期，虾体长 5～8 厘米时，日投饲量为虾体重的 5%～8%；养殖后期，虾体长 8 厘米以上时，日投饲量为虾体重的 3%～5%。上午投喂日投喂量的 1/3，下午投喂2/3。

③日常管理。既要解决干旱季节的保水问题，又要做好雨季排涝工作。巡田要做到认真仔细，注意虾类的活动及吃食情况，及时掌握虾的生长信息。

2. 典型案例

曹永明的家庭农场，位于安徽省定远县西卅店镇，交通便利、用电方便、水源充足、水质符合渔业用水要求。稻小龙虾综合种养模式是该地区稻虾种养模式的主导优势产业，亦是该镇种粮户发家致富的重要途径之一。但是近几年，由于小龙虾市场价格低迷，"五月瘟"等病害频发，给当地养殖户增收致富带来严重挑战。从 2023 年，浙江省淡水水产研究所专家结合稻小龙虾种养特点，利用小龙虾收获后的空档期，再接着试养一季罗氏沼虾，取得了不错的养殖效果。稻田面积为 60 亩，2023 年开展"稻田＋小龙虾＋罗氏沼虾"接力种养模式，在 5 月小龙虾捕获后，继续放养经过标粗的大规格罗氏沼虾苗种。从一个种养周期的收获情况来看，该模式充分利用 5—7 月的空档期养殖罗氏沼虾，每亩额外获得 148 千克商品罗氏沼虾，实现亩均净利润增加约 2 900 元，增产增收效果显著。

（三）河蟹套养大规格罗氏沼虾养殖模式

近年来河蟹池塘养殖受市场价格波动等影响，养殖风险增加，养殖效益不稳、环保压力加大。因此亟须探索新型生态养殖模式，在确保养殖经济效益的同时，提高投入品的利用率、降低碳氮磷等营养物质对水体造成的负面影响。河蟹-罗氏沼虾混养模式即是一种典型的生态养殖模式，其利用各个水层和水体中各种天然饵料，可充分挖掘池塘生产潜力（图7、8）。在河蟹池塘内混养罗氏沼虾，可充分利用沼虾摄食河蟹残饵的食性，提高饵料利用率，降低传统河蟹池塘养殖水体的富营养化程度，且当年可养成80克以上的大规格罗氏沼虾，而该规格罗氏沼虾由于养殖周期较长，规格较大，市场上很少见到，市场售价维持在120元/千克以上，经济效益显著。

图7　用于套养罗氏沼虾的河蟹养殖池塘

图8　河蟹塘放养罗氏沼虾大规格苗种

1. 技术要点

（1）养殖条件　养殖池塘以东西向长、南北向短的长方形为宜。面积在10亩以上、池深1.0～1.5米为宜。池塘坡度比1∶（2～3）为宜，坡上尽量绿化。要求进排水配套完善，养殖水源水质符合渔业用水要求，池塘底部平坦，土质以黏土最好，黏壤土次之，底部淤泥层厚度小于10厘米，底泥总氮小于0.1%。池塘塘埂四周用50～60厘米高的钙塑板或铝板等作防逃设施，埋入泥土15厘米，并以木桩、竹竿等作防逃设施的支撑物。有条件的宜安装水质在线监测系统，实时监测水温、溶解氧、pH等参数。配备智能底增氧设备和水车式增氧机，每亩功率0.5千瓦以上，可根据时间和水体情况启停增氧。

（2）放养前准备

清塘消毒：冬季排干池水，清除水草和表层10厘米以上的淤泥，平整塘底，晒塘冻土20天以上；放养前20天用生石灰消毒，用量为150千克/亩，化浆后全池均匀泼洒。

设置蟹种暂养区：用围网将池塘分隔成暂养区和养成区。暂养区占总面积的30%，宜设置在池塘中间或池塘一侧，5月下旬拆除。

水草种植：12月下旬至翌年1月上旬，在暂养区种植以伊乐藻、黄丝草为主的耐低温水草，沿微孔增氧管道平行移栽伊乐藻，覆盖率占暂养区的60%以上；2月底，抛撒黄丝草，让其自然吸水沉降。在养成区种植以轮叶黑藻和苦草为主的耐高温水草，1月中旬，采用穴播的方法，沿微孔增氧管道均匀播种轮叶黑藻芽孢，苦草草种与风干的泥土混匀后在轮叶黑藻行间均匀播撒。水草覆盖池底面积的60%～70%为宜。

加注新水：放种前一周加注经过80目尼龙网过滤的新水，至水深0.6米。

（3）苗种放养

蟹种放养：选用长江水系中华绒螯蟹蟹种，规格整齐，体质健壮，爬行敏捷，附肢齐全，指节无损伤，无寄生虫附着，无烂肢爪，鳃丝干净，无早熟现象。

蟹种放养规格与密度：80～120只/千克，800～1 200只/亩。

蟹种放养方法：1—2月，先将蟹种放到蟹种暂养区内培育，培育到5月下旬，待池塘内的水草覆盖率达到60%以上，拆除暂养区围网，蟹种爬入整个池塘。

投放螺蛳：3月上旬投放自无污染水域的螺蛳，每亩投放200～300千克，沿池塘四周均匀撒播，待其自然繁殖，有利于净化水质，为养殖中后期提供动物性饵料。7月视情况再补放 100～150 千克。

大规格罗氏沼虾投放：5—6 月投放 80～100 尾/千克的大规格罗氏沼虾苗种，每亩河蟹池塘投放 10～15 千克。

（4）养殖管理

①水质管理。

养殖前期：保持水位 50～60 厘米。待水温达到 15℃ 以上时，全池泼洒生物有机肥，培育水蚯蚓、红虫等底栖生物和有益藻类，促进水草、螺蛳及其他浮游生物的生长，为河蟹生长提供天然适口饵料。根据水色变化及时补充营养，维持藻相平衡，抑制青苔生长。

养殖中期：水位升至 80 厘米左右。根据水质情况，每隔 10～15 天施用 1 次微生物制剂调节水质、改良底质，微生物制剂的使用应符合 SC/T 1137 的规定。定期使用过氧化钙粉（水产用）等进行水体消毒。高温季节可使用地下水调节水温。

养殖后期：保持水深 120～150 厘米。定期检测水质，了解水体情况，严格控制水体中的氨氮、亚硝酸盐、硫化氢等有害物质含量。利用换水、施用微生物制剂等调节水质，确保水体 pH 在 7.5～8.5，透明度在 30 厘米以上，氨氮含量小于 0.2 毫克/升，亚硝酸盐含量小于 0.1 毫克/升。

养殖全过程根据水体溶解氧情况自动增氧，始终保持在 5 毫克/升以上。

②投饲管理。

饲料品种：以颗粒配合饲料为主，后期搭配鲜鱼颗粒饲料和玉米、南瓜等，促进河蟹性腺发育，提高肥满度和口感。配合饲料应符合 GB 13078 和 SC/T 1078 的规定。玉米、小麦经煮熟后投喂，南瓜切丝后投喂。

投饲方法：以 7：00 和 17：00 投喂为宜，夏季可适当提早和推迟。早上投喂量占日投喂量的 1/3、下午为 2/3。投喂时全池均匀投放。日投饲率为存塘蟹总重的 2%～5%，依据季节、水温、河蟹摄食情况调整。

饲料添加剂：养殖过程中，可拌喂维生素、矿物质、大蒜素等饲料添加剂，促进河蟹蜕壳生长，增强体质。

③水草管理。保持水草覆盖面积占池塘总面积的 60%～70%。水草生长过于茂盛时，要及时割除一部分，至草尖距离水面 10～15 厘米；水草稀疏时，应施用适量肥料。

2. 典型案例

长兴洪桥漾荡牌河蟹专业合作社园区内 2 400 余亩蟹塘采用该套养模式，于 5 月初至 6 月初放养规格为 80～100 只/千克的罗氏沼虾 10～15 千克/亩，并搭配鲢、鳙、螺蛳等构建多营养层级生态混养模式，于当年 10 月收获规格为 80～120 克/只的罗氏沼虾，产量为 50～80 千克/亩，塘口收购价达 120～200 元/千克，在不影响河蟹经济效益的前提下，额外产生 3 000 元/亩的经济效益，且养殖水体氮磷等营养物质并未增加，未产生额外污染物，实现了虾蟹不争地、养殖不增饵。

青虾"太湖3号"

一、品种简介

青虾"太湖3号"（图1）品种登记号为GS-01-008-2022，生长速度快。在相同养殖条件下，与未经选育的长江青虾相比，150日龄体重提高28.7%；与青虾"太湖2号"相比，150日龄体重提高5.0%，其中雌虾体重提高33.3%。适宜在全国水温8～35℃和盐度0～6的人工可控的水体中养殖。

图1　青虾"太湖3号"

二、示范推广情况

青虾"太湖3号"示范推广范围涵盖江苏、安徽、浙江、广东、宁夏、贵州等省份，养殖模式包括主养、混养和轮养。2022—2024年，示范推广面积累计约500万亩，产值超过310亿元。青虾"太湖3号"的示范推广推动了产业健康持续发展，同时在农民增收、环境保护、优质农产品保供等方面发挥了重要作用，产生了良好的经济、社会和生态效益。

三、示范养殖模式

(一)青虾"五好"高效绿色健康主养模式

青虾主养模式是指以青虾为主要养殖对象的池塘养殖模式。长江流域青虾主养模式通常一年养殖两季，即春季主养和秋季主养。春季主养是指1月上旬至3月上旬放苗养殖，至6月底捕捞的整个过程；秋季主养是指6月底至8月上旬放苗养殖，至年底或次年春节成品虾捕捞的整个过程。中国水产科学研究院淡水渔业研究中心在青虾主养模式的基础上，集成了"好品种＋好饲料＋好水质＋好水草＋好管理"五项关键技术，经熟化建立了青虾"五好"高效绿色健康主养模式。

相比传统主养模式，该模式可缩短青虾养殖周期，使青虾提早上市，增产增效显著；使用种草养虾技术，养殖水质大幅度改善，高温季节养殖池塘的水质可达到三类水质标准；新品种抗病抗逆能力强，减少了渔药的使用和产品的药物残留，显著提高了青虾产品的食用安全性和品质。

1. 技术要点

(1) 好品种 引进优良种虾青虾"太湖3号"(图2)，并及时做好青虾育苗池的清塘、晒塘和消毒工作；根据池塘水质适时做好水质培肥工作。

图2 青虾"太湖3号"种虾

(2) 好管理——放苗与秋繁控制 春季青虾养殖每亩放养2万～3万尾，秋季青虾养殖每亩放养0.75～1千克。7月放苗后，每亩放规格250克左右的鳙 10～15 尾，摄食秋繁出来的幼体或小虾，可显著降低秋繁影响。

（3）好饲料　饲料选用优质青虾专用料。育苗期选用蛋白含量为 40％ 的幼虾配合饲料，日投喂量一般控制在虾体总重的 3％～7％；成虾养殖期选用蛋白含量为 38％～40％ 的成虾配合饲料，日投喂量为虾体总重的 3％～5％，全池均匀泼洒。根据摄食情况、天气、水温、水质等灵活调整饲料投喂量，做到精准投喂。冬季、早春也需定期投喂饲料。

（4）好水质　养殖期间，池塘水深控制在 0.7～1.0 米，透明度控制在 40～50 厘米，溶解氧保持在 5 毫克/升以上，pH 控制在 7.0～8.5。养殖全程坚持使用 EM 菌、乳酸菌、芽孢杆菌等微生物制剂定期调水，少用消毒剂和抗生素。

（5）好水草　水草实行精细化管理，主要种植轮叶黑藻、苦草等沉水性植物。水草面积占虾塘面积的 40％～60％。高温季节可以遮阳，水草嫩叶可供青虾食用，也可作为青虾栖息、躲避、蜕壳的场所。在水草生长旺季，及时打掉长出水面的水草、疏稀太密的水草，以保持池塘水流畅通、光照适宜和溶解氧充足，保证青虾正常蜕壳、生长。

（6）适时捕捞　青虾养殖都是一次投苗，捕大留小、轮捕上市。捕捞工具主要有虾抄网、地笼、虾拖网、拉网等。轮捕不仅可以降低池塘养殖密度，腾出池塘空间，让后面的小虾生长加快，节省饲料；同时也可以错开上市时间，避免集中上市带来的风险。需注意的是，捕捞应避开蜕壳高峰期，以免软壳虾损伤，造成不必要的损失。

2. 典型案例

江苏溧阳社渚镇养殖户张全富的青虾池塘养殖净面积为 56 亩，养殖模式为青虾主养两季。每年 1—2 月引进青虾新品种进行集中管理，根据需要的青虾幼苗总量准备好育苗塘，育苗塘每年 3 月底开始晒塘，5 月初放入种虾进行育苗；养殖塘 5 月底开始晒塘，6 月中旬进水、种水草，7 月初投放虾苗，养成后陆续上市销售。小虾一部分作为春季虾养殖苗种，剩余部分委托青虾苗种经纪人作为苗种销售至河蟹养殖集中区。2023 年，春季虾养殖 30 亩，放养密度 2 万尾/亩，亩收获规格为 300 尾/千克的青虾 41 千克；秋季虾养殖 56 亩，放养密度 10 万尾/亩，亩产规格为 260 尾/千克的青虾 55 千克、规格为 1 000 尾/千克的青虾 50 千克。总产值为 66 万元，总利润 45.5 万元，亩均利润约 8 100 元。

（二）青虾小棚生态高效主养模式

青虾小棚生态高效主养模式是指通过搭建小棚来控制养殖环境，开展青虾主养的模式。该模式养殖技术参照青虾"五好"高效绿色健康主养模式，突破了温度和季节限制，可以提早出苗，延长青虾生长周期，提高规格，错峰销售，实现更高的经济效益。

1. 技术要点

（1）养殖条件　小棚一般采用钢架结构，覆盖塑料薄膜或遮阳网，棚内配备增氧设备、水温调节设备等。棚体大小根据养殖规模设计，通常每个小棚面积在几百平方米。

（2）"好品种＋好饲料＋好水质＋好水草＋好管理"　养殖技术参照青虾"五好"高效绿色健康主养模式，从品种、饲料、水质、水草、管理等5个方面关注养殖要点。

（3）适时捕捞　小棚养青虾的捕捞时间灵活，可以根据市场需求和环境条件进行调整。小棚养青虾的捕捞时间与传统露天池塘养殖有所不同，可以通过环境控制来调节青虾的生长周期，从而实现反季节上市或全年上市。

小棚养殖一般采用地笼网捕捞，分批进行。捕捞时间根据每批青虾的生长情况灵活安排，在市场需求大或外塘青虾尚未上市的时间，实现全年均衡捕捞，效益最大化。

2. 典型案例

射阳洋茗水产公司（图3）2024年利用已有小棚开展了小棚青虾主养模式。第一茬商品虾于3月底开始陆续上市，平均亩产40千克，平均市场价格为260元/千克；第二茬商品虾于7月底开始陆续上市，平均亩产50千克，平均市场价格为360元/千克。亩效益达3万元以上，经济效益显著。

（三）青虾主养池塘套养河蟹绿色健康养殖模式

青虾主养池塘套养河蟹绿色健康养殖模式是指以青虾为主，套养少量河蟹的养殖模式。该模式在管理上以青虾为主，兼顾河蟹，充分利用池塘空间和饵料资源，提高综合效益。近年来青虾市场需求旺盛，价格稳中有升，养殖效益好，养殖风险较小；而传统的河蟹养殖模式投入大、回捕率低、价格不稳定，养殖风险越来越大。

该模式下河蟹回捕率高，品质好，回报率高。由于河蟹放养密度低，池塘

图 3　射阳洋茗水产公司小棚主养青虾

环境优良，河蟹回捕率约为 80%，远远高于传统养殖模式的河蟹回捕率；且上市河蟹规格大、品质佳、精品率高，具有销售优势。

1. 技术要点

（1）养殖条件　主要要点参照青虾主养模式，整个塘口需要用塑料板、聚乙烯板＋盖板做防逃设施，在池埂上以镀锌管作为支撑物，地面以上高 50 厘米，埋入土中 20～30 厘米，以防成熟期河蟹外逃。

（2）苗种放养　准备一个蟹苗暂养池，面积根据需要定，每亩放扣蟹 1 200～1 500 只，种植伊乐藻，参照河蟹池塘管理，可以每亩套养青虾春虾苗 10～15 千克，养至 5 月底，待青虾主养池塘水草成活后，将蟹苗分塘，每亩 100～150 只，同时青虾商品虾开始销售。

虾苗放养前，由于河蟹数量少，不需要专门投喂螺蛳和河蟹饲料，主要做好河蟹防逃和池塘水草养护工作。

（3）捕捞　青虾新品种经 1 个多月的养殖，部分达到上市规格，可根据市场行情用地笼或虾抄网将达到上市规格的虾陆续捕捞出售。用地笼捕捞时，需用进口缩小的改进型地笼捕捞，或者用普通地笼捕捞但需要将笼梢开口并使之高出水面，以便进笼河蟹能从笼梢爬出，避免河蟹在笼梢中捕食青虾。捕捞青虾时，应避开青虾蜕壳高峰期。河蟹成熟后应及时捕捞上市，特别是几个池塘共用一套防逃设施的塘。因为河蟹成熟后会在池塘四周上岸或爬动，共用一套防逃设施的几个塘中的蟹可能会集中到某个池塘，破坏池塘中的轮叶黑藻，会对青虾后期生长造成影响。同时，成熟后的河蟹对青虾的捕食能力增强，也会影响青虾的产量。河蟹捕捞可采用夜间在池塘边或围板边人工收集河蟹和地笼捕捞相结合的方式。用地笼捕捞时，要选用河蟹专用地笼（笼梢网目2厘米以上），进笼的青虾能及时逃出，避免被河蟹捕食或因挤压致死，减少损失。

2. 典型案例

昆山市澄湖水产良种有限公司采取青虾主养池塘套养河蟹绿色健康养殖模式，池塘净面积为8亩。春季虾种放养时间为2月上旬，规格为1 000尾/千克，亩放20千克；秋季虾苗放养时间为7月中下旬，规格为7 000尾/千克，亩放15千克。扣蟹放养时间为5月中旬，规格为100克/只，亩放120只。放养扣蟹规格整齐，体色一致，肢螯齐全，活力较强。8亩池塘春季亩产规格为300尾/千克的青虾48千克；秋季亩产规格为300尾/千克的青虾56千克、规格为1 000尾/千克的青虾42千克；亩产规格250克的河蟹46千克。8亩池塘总产值为15万元，总利润11万元，经济效益显著。

（四）河蟹主养池塘套养青虾绿色健康养殖模式

河蟹主养池塘套养青虾绿色健康养殖模式是指在河蟹养殖池塘中套养一定数量的青虾的养殖模式。该模式按常规河蟹养殖方式进行管理，在不增加工作量和不影响河蟹产量的情况下，充分利用池塘资源，产出一定数量的青虾，有利于增加养殖收入，降低养殖经营风险。

1. 技术要点

（1）防逃　河蟹有很强的攀爬能力，需要在四周池埂上设置防逃设施。防逃设施的材料必须牢固可靠，内壁光滑，接缝处一定要严密、光滑，不留攀爬支撑点；防逃设施尽可能垂直竖立，四个拐角要呈圆弧形，不留直角，以免河蟹叠加逃逸；所选材料要经久耐用，尽量就地取材，降低成本。

（2）苗种放养　虾苗分为夏季虾苗和春季虾苗。夏季虾苗为新品种一代苗，即生产单位当年引进种虾、当年繁育出的虾苗；春季虾苗为新品种二代苗，即生产单位上一年引进种虾并繁育出虾苗，经一季养殖，销售完商品虾后留下的小规格青虾（俗称"春虾种"）。春季虾苗捕捞须用虾拖网捕捞，地笼捕捞的虾苗成活率较低；采用"水箱＋网格＋增氧泵"的方式运输，运输时间一般不超过10小时；虾苗捕捞和运输避开冰雪大风天气。夏季虾苗须用拉网捕捞；采用"水箱＋网格＋液氧"的方式运输，运输时间一般不超过2小时；虾苗捕捞和运输时间应在傍晚，避开高温和池塘溶解氧较低的时间段。蟹苗放养时间为1月至3月上旬，每亩放养800～1 500只，规格60～100只/千克。

青虾苗放养可采用一次放养和两次放养，一次放养是春季放养 1 次春季虾苗或夏季放养 1 次夏季虾苗；两次放养是春季放养 1 次春季虾苗后，夏季再补放 1 次夏季虾苗。春季虾苗放养时间为每年 1 月至 2 月下旬，每亩放养 10～20 千克，规格为 1 000～1 500 尾/千克。夏季虾苗放养时间为 7 月，每亩放养 2～3 千克，规格为 10 000～12 000 尾/千克。

（3）水草种植　采用"围蟹种草"的方式。在小网围内投放蟹种，种植伊乐藻，面积占 1/3 左右；网围外种植轮叶黑藻。5 月底，待轮叶黑藻长至 30～40 厘米时，将网围拆除，把蟹种放出。水草生长旺盛时，经常对蟹池四周和通道的水草进行整理，并及时清除漂浮在水面的杂草，以保持水环境良好。

（4）饲料投喂　在池内通道定点投喂河蟹，投喂时间为 16：00 至傍晚。青虾全池均匀投喂。第二天上午，对投喂点进行检查，以便掌握饲料投喂量，防止饲料过剩，败坏水质。

（5）病害防控　坚持"以防为主、防重于治"的方针。6—9 月，将微生物制剂与底质改良剂配合使用，每半月用一次 EM 菌，配合使用底质改良剂。同时，饲料添加适量中草药、免疫多糖、复合维生素等，连续投喂 5～7 天。

（6）捕捞　春季虾苗投放河蟹塘后，养殖至 4 月上中旬，部分青虾已经达到上市规格，及时捕大留小，直至捕捞完毕，在 4 月至 5 月上旬青虾价格较高时销售，以增加经济效益。夏季虾苗投放河蟹塘后，养殖至 8 月中上旬，部分青虾已达上市规格，可开始捕捞上市。河蟹成熟后，池塘水质变浑，水质变差会影响青虾生长；与此同时，成熟的河蟹活动能力变强、活动区域增大，对青虾的捕食能力增强，也会影响青虾的产量。因此要尽量在河蟹成熟上岸巡塘前将大部分青虾捕捞完毕。青虾捕捞时，应使用改进型地笼；捕捞青虾时，应避开青虾蜕壳高峰期。河蟹捕捞参照河蟹常规捕捞方法即可。

2. 典型案例

江苏宜兴新建镇养殖户周锁良的河蟹养殖池塘净面积为 40 亩，采用主养河蟹套养青虾的养殖模式。每年 1 月投放河蟹苗种，2 月投放青虾"太湖 3 号"苗种。4 月中旬青虾达到上市规格时开始捕大留小、连续捕捞上市，一直持续到年底。因对青虾捕大留小，剩余的青虾在繁殖季能在河蟹塘繁育虾苗，秋季套养青虾无需另外投放虾苗。2023 年，亩放养河蟹 1 500 只、青虾 0.5 万尾，亩产规格为 800 尾/千克的青虾 10 千克、规格为 300 尾/千克的青虾 25 千克，亩产规格大于125克的雌蟹、大于200克的雄蟹共100千克。40亩池塘总产值为56万元，总利润17.8万元。

（五）小龙虾青虾绿色健康轮养模式

小龙虾青虾绿色健康轮养模式是指上半年养殖小龙虾，下半年养殖青虾的模式。该模式是利用两者的生长周期和市场需求的不同，充分利用资源和时间，节省小龙虾饲料成本，防止秋季水草疯长，产出精品小龙虾和青虾，实现高效养殖和经济效益最大化。

上半年主养小龙虾：青虾秋季养殖后，池塘中会产生大量的轮叶黑藻芽孢，这些芽孢在每年2月底3月初就会发芽，随着水温上升，到3月底进入快速生长期，这个时候水草长势快、水质条件好、小龙虾苗价格低，投放小龙虾苗，进行小龙虾主养。由于水草好、水质优，养出的小龙虾个体规格大、品质优、产量高、效益好，同时旺盛的轮叶黑藻可以作为小龙虾后期生长的饲料，可以节省大量饲料，节约成本。

下半年主养青虾：6月上中旬，小龙虾捕捞上市结束后，进行干塘、晒塘、进水、种草，7月上中旬投放优质青虾苗，养殖全过程采用好品种、好饲料、好水质、好水草、好管理相结合的青虾"五好"生态高效养殖技术，进行青虾主养，商品虾规格大、产量高、效益好，同时由于上半年小龙虾消耗完了水草，后期重新种植轮叶黑藻，可以降低水草管理维护成本。

1. 技术要点

（1）虾苗投放　必须在轮叶黑藻生长至10厘米左右时投放小龙虾苗，3月底4月初，待轮叶黑藻进入快速生长期，每亩投放优质小龙虾苗4 000尾。7月上中旬，每亩投放优质青虾苗10万～12万尾。

（2）水草种植　6月上中旬，种植轮叶黑藻（图4），行距4～5米，株距3～4米，行与行交错种植，成虾养殖过程中水草覆盖率不超过60%，水草长出水面时要进行割刈，确保水草在水面下保持旺盛生长状态。

（3）饲料投喂　小龙虾和青虾均投喂优质的专用饲料。小龙虾饲料要求蛋白含量38%以上，上市前15～20天根据水草长势，可以停止投喂，让小龙虾摄食水草，节省饲料，降低饵料系数；投喂青虾可以借助投料机全池均匀投喂，前期饲料蛋白含量40%以上，高温季节蛋白含量36%，高温后全程投喂蛋白含量40%的饲料，根据第二天检查残饵的情况，酌情加减投喂量。

图 4　小龙虾青虾轮养池塘种植轮叶黑藻

（4）水质管理　少量多次添加水质良好的新水，定期使用光合细菌、EM菌等微生物制剂调节水质。

（5）捕捞　小龙虾最迟 6 月中旬必须全部捕捞上市，并将剩余的小龙虾全部灭杀，为下半年青虾放养做准备。

2. 典型案例

江苏句容后白镇养殖户在 2023 年轮养小龙虾、青虾，净面积为 20 亩。秋季主养青虾捕捞结束后，选择水草生长茂盛的池塘，不干塘，于 3 月底待水草进入快速生长期时投放小龙虾苗，5 月底开始捕捞至 6 月中旬捕捞完毕（图 5），然后晒塘，重新上水种植水草，7 月初投放青虾苗。亩放养规格为 120 尾/千克的小龙虾

图 5　收获的小龙虾

3 600 尾、青虾 12 万尾，亩产规格为 20 尾/千克的小龙虾 140 千克、规格为 300 尾/千克的青虾 55 千克、规格为 1 000 尾/千克的青虾 40 千克。20 亩池塘总产值为 35 万元，总利润 24.2 万元。

长牡蛎"海大3号"

一、品种简介

长牡蛎"海大3号"（品种登记号 GS-01-007-2018），是以2010年从山东沿海长牡蛎野生群体中筛选出的左壳为黑色的个体为基础群体，以壳黑色和生长速度为目标性状，采用家系选育和群体选育相结合的混合选育技术，经连续6代选育而成。在相同养殖条件下，与未经选育的长牡蛎相比，10月龄贝壳高平均提高32.9%，软体部重平均提高64.5%，左右壳和外套膜均为黑色，黑色性状比例达100%，适宜在山东和辽宁人工可控的海水水体中养殖。

二、示范推广情况

自2019年长牡蛎"海大3号"获批水产新品种，育种单位联合地方渔业技术推广站，分别在山东和辽宁等长牡蛎主要产区进行了示范推广，示范推广期间累计生产"海大3号"苗种60余亿粒，累计养殖面积约30万亩，新增产值约80亿元。以山东荣成和乳山长牡蛎主产区为例，此两地累计养殖长牡蛎"海大3号"苗种20亿粒，累计养殖面积达16万亩，新增产值48.9亿元，新增利润8.26亿元。

三、示范养殖模式

采用浮筏式养殖模式。浮筏式养殖是一种深水垂下式养殖方法，是在潮下带设置浮动式筏架，将附有蛎苗的养殖绳或养殖笼垂挂在筏架上进行养成。这种方法不受海区底质限制，能充分利用水体。由于牡蛎不露空，昼夜滤水摄食，生长迅速，养殖周期短。

1. 技术要点

（1）亲贝选择　长牡蛎"海大3号"亲贝保存在特定的良种保持基地，亲本应符合以下要求：壳形规则，左右壳和外套膜均为黑色，次生壳明显，有厚重感；壳面完整、洁净，附着物少；贝壳开闭有力，生殖腺肥大、呈乳白色；壳高≥80.0毫米，湿重≥50克（图1）。

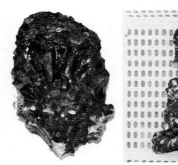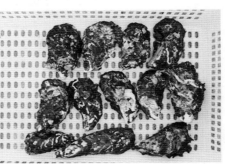

图1　长牡蛎"海大3号"亲贝

（2）人工授精及孵化

①精卵获取。牡蛎的精、卵可以通过自然排放、诱导排放或解剖方法获得。

②受精与孵化。无论是催产或自然排放，发现排放后应立即将雄贝捞出单独排精以避免精液过多。精液浓度以每个卵子周围有3～5个精子为宜。精液过多时可用沉淀法洗卵3～4次，至水清为止。

受精卵孵化密度为80～100个/毫升，为防止受精卵沉积影响胚胎发育，可每隔30分钟用耙轻搅池水一次或充气孵化。

③选优。受精卵发育至D形幼虫时，用300目筛绢制成的筛网将浮游于池水表面活力好的D形幼虫移入刚注入新鲜过滤海水的培育池中。

（3）苗种培育

①幼虫培育。苗种培育指从D形幼虫开始到幼虫附着变态为稚贝这一阶段。幼虫培育期间日常管理各要点如下。

幼虫密度：D形幼虫分池后在育苗池中培育密度一般以5～10个/毫升为宜，随着幼虫生长适当调整培育密度。

饵料投喂：适宜的饵料主要有叉鞭金藻、角毛藻、等鞭金藻、扁藻及小球藻等。D形幼虫选育后开始投饵。幼虫培育前期，投喂金藻效果较好；扁藻是壳顶幼虫期以后的良好饵料，幼虫壳长达130～150微米时，就能大量摄食扁藻，生长速度也加快。投饵量应根据幼虫的摄食情况及不同发育阶段进行调整，适当增减，表1可供参照。

表1　"海大3号"长牡蛎人工育苗的日投饵量

发育阶段	幼虫壳长（微米）	日投饵量（万个/毫升）	
		叉鞭金藻	扁藻
D形幼虫	80～100	1.5～2	—
壳顶初期	100～150	1.5～2	0.2～0.3
壳顶中期	150～200	2～2.5	0.4～0.6
壳顶后期	200～300	3～3.5	1～1.5
附着稚贝	300 以上	4～5	1～2

倒池与清底：在幼虫培育过程中可采用倒池的方法，以保证水质清新。一般每隔3～4天倒池1次，将幼虫的粪便和其他有机碎屑彻底清除。

充气：在培育过程中均可连续微量充气。每平方米放置1个气石，每分钟的充气量达到总水体的1%～1.5%。

②采苗。室内人工育苗时的采苗器多采用扇贝壳等制成的贝壳串采苗器，垂挂在池内进行采苗。采苗器必须处理干净，贝壳要严格除去其闭壳肌及附着物，反复冲洗。每立方米水体投放5 000～9 000片扇贝壳采苗器（图2）。

图2　扇贝壳采苗器垂挂池中

采苗时间：在水温20～23℃条件下，长牡蛎的幼虫培育20天左右、壳长达330～350微米时，有60%幼虫出现眼点，即可投放采苗器。

采苗密度：以贝壳为采苗器时，一般每壳附苗15～20个即可（图3）。

图 3　长牡蛎"海大 3 号"新品种扇贝壳附苗情况

（4）稚贝培育　幼虫附着变态后即成为稚贝。这期间可加大换水量及充气量，日投喂单胞藻饵料密度为 $(1\sim2)\times10^5$ 个/毫升（以叉鞭金藻为例）。稚贝附着后立即移到室外土池暂养 6～10 天，壳长生长到 500～800 微米时就可以出售。稚贝出池后挂海区筏架上暂养，此时稚贝生长速度很快，在海区水温 25℃ 左右条件下，出池后 1 个月的稚贝，平均壳长可达 24～30 毫米。因此适时出池对加快稚贝生长、早日分散养成是有利的。

（5）养成

①养殖条件。浮筏养殖应选择风浪较小，干潮水深在 4 米以上的海区；水温周年变化稳定，冬季无冰冻，夏季不超过 32℃；泥底、泥沙底或沙泥底均可，海区表层流速以 0.3～0.5 米/秒为宜，海区中浮游植物量一般不低于 40 000 个/升。此外，养殖海区应尽量避开贻贝、藤壶和海鞘等大量繁殖附着的海区，不应有工业污染源。

②养殖筏的设置。养殖筏是一种设置在海区并维持在一定水层的浮架。

A. 养殖筏的类型与结构。养殖筏基本上分为单式筏（又称大单架）和双式筏（又称大双架）两大类。有的地区因地制宜改进为方框架、长方框架等。经过长期实践证明，单式筏比较好，抗风能力强，牢固，安全，特别适用于风浪较大的海区。

单式筏由 1 条浮绠、2 条橛缆、2 个橛子（或石砣）和若干个浮子组成。浮绠的长度就是筏身长，一般净长 100 米左右。橛缆和橛子（或石砣）是用来固定筏身的。橛缆的一头与浮绠相连，一头在橛子上。水深是指满潮时从海平面到海底的高度。橛缆的长度一般是水深的 2 倍。

B. 养殖筏的主要器材及其规格。

浮绠和橛缆：现在各地都使用化学纤维绳索，如聚乙烯绳和聚丙烯绳。浮绠和橛缆直径大小可根据海区风浪大小而定。一般在风浪大的海区采用直径1.5～2厘米的聚乙烯绳，风浪小的海区可采用直径1～1.5厘米的聚乙烯绳。

浮子：现在都使用塑料浮子。浮子多呈圆球形，设有耳孔，以备穿绳索绑在浮绠上。它比较坚固、耐用、自身重量小、浮力大，可承受12.5千克的浮力。与聚乙烯浮绠配合使用，大大提高了养殖生产的安全系数。

橛子或石砣：一般海区常用的橛子为木质，木橛的长度应在100厘米左右，粗15厘米左右。木橛打入海底前就要将橛缆绳绑好，其绑法有两种：一种是带有橛眼的木橛，将橛缆穿入橛眼后将橛缆固定在橛上；另一种是在橛身中下部横绑1根木棍，用"五"字扣或其他绳扣将橛缆绑在木橛上，或者在橛身中部砍一道"沟槽"，将橛缆绑在"沟槽"处。

石砣是在不能打橛的海区，采取下石砣的办法来固定筏身。石砣一般不能小于1 000千克。其高度为长度的1/5～1/3，降低重心，增加固定力量。石砣的顶端安有铁棍制成的铁鼻，铁鼻的直径一般为12～15毫米。

C. 养殖筏的设置。

海区布局：筏子设置不要过于集中，要留出足够的航道、区间距离和筏间距离，保证不阻流。筏子的设置要根据海区的特点而定，一般每30～40台筏子划为一个区，区与区间呈"田"字形排列，区间要留出足够的航道。区间距离以30～40米为宜，平养的筏距以8～10米为宜。

筏子设置的方向：筏子的设置方向关系到筏身的安全。在考虑筏向时，风向和流向都要考虑，但两者往往有一个为主：比如风是主要破坏因素，则可顺风下筏；流是主要破坏因素，则可顺流下筏；如果风和流的威胁都比较大，则应着重解决潮流的威胁，使筏子主要偏顺流方向设置。

③养成方式。

A. 筏式吊绳养殖。养殖绳的长度可根据设置浮筏的海区深度而定，一般4米左右。一般选用直径0.6～0.8厘米的聚乙烯绳或直径1.2～1.5厘米的聚丙烯绳做夹苗绳。将附有20～30个稚贝的扇贝壳夹在苗绳中间，间距20～30厘米，牡蛎长到一定大小时互相挤插形成朵后，可较牢地固定在夹苗绳上（图4）。养殖绳也可以采用14号半碳钢线或8号镀锌铁线，将采苗时的贝壳串采苗器拆开，重新把各个贝壳附苗器的间距扩大到 20 厘米，串在养成绳上。养殖绳制成后，即可垂挂在浮筏上。养殖绳上的第一个附苗器在水面下约 20 厘米，各串养殖绳之间的距离应大于 50 厘米。

图 4　牡蛎吊绳养殖

B. 筏式网笼养殖。山东、辽宁等地常采用类似扇贝养殖的方法，即将附在贝壳上的蛎苗连同贝壳一起装在扇贝网笼内，再吊挂到筏架上进行养成。每层网笼一般养殖牡蛎 40 粒左右，每亩可放养 12 万～15 万粒。

筏式养殖的最大特点是把平面养殖改为立体垂养，牡蛎生长环境从潮间带滩涂变为水流畅通的潮下带深水海区，可加快牡蛎的生长，提高单位面积产量。但筏式网笼养殖容易造成污损生物大量附着，而且养殖的器材设施一次性投资大，成本高；在深水外海养殖，还必须提高抗风浪能力，以防台风侵袭。

④分苗与养成时间。常温培育的长牡蛎"海大 3 号"苗种出库时间在 6—7 月，由于气温高，运苗时要防高温暴晒。一般气温在 24℃以下时，途中可不浇水。蛎苗运至养殖海区后，需要装于网包内挂于海上暂养。每包 8～10 串，每串 100 片。暂养 15～20 天，蛎苗长到 2～3 毫米时进行分苗。分苗时，选择每片具有 8 个以上蛎苗的附着基进行夹苗。

蛎苗的养成周期，各地不同。常温培育的"海大 3 号"长牡蛎，若是第一年 7 月采的苗，收获期应为第二年年底或第三年 1—3 月，从采苗至收获的养殖周期为

16～20个月。升温培育的"海大3号"长牡蛎，若是第一年4月采的苗，收获期应为当年12月或第二年1—4月，从采苗至收获的养殖周期为8～12个月。

⑤日常管理。

A. 保证浮筏安全。勤检查浮绠、橛缆与吊绳，发现问题及时修复，风浪过后要及时出海检查。

B. 调整浮子。要随着牡蛎的生长、浮筏负荷量的增加及时调整浮子数量，避免浮子下沉，增强抗御风浪的能力。

C. 防止吊绳绞缠。吊绳要挂得均匀，防止吊绳绞缠在一起，造成脱落而影响产量。

2. 典型案例

荣成市牡蛎养殖采用浮筏吊绳养殖方式（图5）养殖"海大3号"长牡蛎，用3.5米长的聚乙烯绳为养殖绳，将附有10～20个稚贝的30片扇贝壳按10～20厘米间隔夹在苗绳中间。养殖绳制成后，按50厘米间隔垂挂在浮筏上进行养殖。4月放苗至翌年4月收获，平均每亩可设置100～200条养殖绳，平均亩产可达3 000～5 000千克，与未经选育的长牡蛎品种相比，平均产量可提高约40%。该养殖模式在荣成市的推广取得了显著的成效。长牡蛎"海大3号"不仅生长速度快、壳形规则，还具有非常美观的黑壳色，

图5　长牡蛎"海大3号"浮筏吊绳养殖

被当地养殖户称为"黑牡蛎"，深受广大养殖户喜爱。同时，该品种外观漂亮、品质优良，在消费终端也广受好评，平均市场单价较普通品种高出2～3元/千克。长牡蛎"海大3号"的成功推广，每年为荣成市创产值近10亿、创就业岗位4 000余个，带动了当地150余户牡蛎养殖户的增收致富，取得了良好的经济和社会效益。

绿　盘　鲍

一、品种简介

绿盘鲍（图 1，品种登记号 GS-02-03-2018），生长速度快。在相同养殖条件下，与母本皱纹盘鲍相比，24 月龄鲍体重平均提高 56.4%，养殖成活率平均提高 19.0%；与父本绿鲍相比，24 月龄鲍体重平均提高 71.2%，养殖成活率平均提高 12.9%。该品种适宜在福建、山东人工可控的海水水体中养殖。

图 1　绿盘鲍

二、示范推广情况

绿盘鲍养殖主要采用浅海筏式养殖和工厂化养殖模式，近三年在我国福建、广东、山东和辽宁等多个鲍主养区推广养殖，累计推广 4.73 亿只，新增总产值 112.25 亿元。绿盘鲍具有生长快、耐高温和可养成大规格精品鲍的特点，和传统养殖品种皱纹盘鲍相比，养殖产量提高 2 倍以上，催生了"皇金鲍"等国产高端鲍鱼品牌，有力推动了我国鲍鱼产业提质增效。

三、示范养殖模式

（一）浅海筏式养殖模式

1. 技术要点

（1）养殖环境　养殖地址应选在内湾或风浪较小的海域，水源水质符合 GB 11607《渔业水质标准》。养鲍海区不宜过浅，最低潮时水深能达到 3.5 米以上，无污染，水流畅通，盐度稳定，水质清新，海水盐度为 27～33，海区 pH 为 8.0～8.4，溶解氧不低于 4 毫克/升，氨氮小于 100 毫克/升。

（2）设施设备　养殖设施分为两种，一种为筏架式养殖设施，用木板或塑料板扎成一个（4～6）米×（4～6）米的框架，每个框架上横架 6～10 根竹条，每个竹条上挂 6～8 串养殖笼具，框架以多个塑料浮球作为支撑，通常筏架式养殖使用由高度为 95 厘米、长×宽约为 65 厘米×45 厘米的 5 层聚乙烯方形养殖箱组成的养殖笼。另一种为延绳式养殖设施，延绳长度为 80～100 米，每两根延绳间距 4～5 米，延绳上每隔 1～2 米悬挂 1 个塑料浮球，浮球下悬挂养殖笼具，养殖水深为 80～200 厘米，可根据季节不同及养殖需要，调节养殖的水深，这种养殖方式抗风浪较强，适宜在风浪较大的海区使用，对海区要有统一规划与安排，根据海区面积大小与海流情况，需留有若干航道，吊养的每串笼具保持 1 米的间隔距离。

（3）苗种放养　在鲍的浮筏养殖过程中，各种海区环境因子都不同程度地影响着鲍的养殖产量与品质，其中养殖密度对其影响最为显著，这是因为养殖密度的增加势必会导致鲍对养殖空间和饵料的竞争，使养殖个体生长率和存活率受到不同程度的影响。采用养殖笼开展养殖时，春季投放苗种的平均壳长为 1.5 厘米，秋季投放苗种的平均壳长为 2.8 厘米，一般每笼放养平均壳长 1.5 厘米左右的个体数量为 400～500 只，每层放养 80 只较适宜；放养平均壳长 2.8 厘米左右的个体数量为 200～250 只，每层 40 只为宜。延绳式养殖和部分海区的筏架式养殖采用塑料盆外套网袋开展养殖，通常选用直径为 45～60 厘米的塑料圆盆，每盆投放壳长 1.2 厘米以上苗种 100 粒左右，如壳长大于 2.5 厘米，每盆投放苗种数量为 70 粒。

（4）**养成管理**　虽然浅海筏架式养殖（图2）可能会受到更多自然条件的影响，如水温和水流的波动，但良好的水交换条件有助于维持水质，减少疾病发生，从而减少药物使用。海区浮筏养殖鲍的饵料以龙须菜、海带为主，日投放量为鲍体重的10%～20%。冬、春季时，水温较适宜，可适当多投喂些饵料，并延长投喂周期。在高温季节，因饵料容易腐败，应适当缩短投饵周期，每隔3～4天投喂一次，每次均应投足相应天数的饵料。

在养殖过程中，随着养殖时间的增加，养殖个体逐渐增大，需要根据养殖密度及时进行分疏，通常壳长大于5.5厘米，每层放养25只；壳长在4.5～5.5厘米，每层放养30只；壳长4.0～4.5厘米，每层放养35只。日常养殖过程中，每层养殖笼或养殖盆内可放养疣荔枝螺或甲虫螺3～5只，螺可清洁鲍笼附着物。

图2　鲍浅海筏架式养殖

2. 典型案例

漳州鑫瑞水产有限公司位于福建省漳州市东山县，拥有养殖海域3 000余亩，采用"公司＋合作社＋农户"的合作模式，年养殖绿盘鲍五千多万粒，形成了以沿海城市为重点，辐射全国的鲜活鲍鱼销售网络，通过对接超级物种、盒马生鲜等新销售渠道，该公司产品逐步布局国内商超业态，形成品牌效应，年产值近2亿元。

（二）工厂化养殖模式

福建部分地区因要避免台风、赤潮等自然灾害，而阶段性采用此种养殖模式。

1. 技术要点

（1）养殖环境　工厂化养殖模式通过人工控制环境条件，如温度、水流和光照，减少药物使用。由于养殖环境相对封闭，可以更精确地控制水质，从而减少疾病发生，减少药物使用。

（2）设施设备　养殖池规格为长 5.0～7.0 米、宽 3.0～4.0 米、深 1.5～2.0 米、面积 21～24 米^2。池底向排水口一端倾斜，坡度为 1：50，池周墙及底用水泥批荡抹平，池内铺有 3～4 排钢筋条或水泥条，离池底 20 厘米左右，供放置养殖笼之用。池内布设散气管和进、排水口，配备供水、供气系统。养殖笼由黑色硬塑料制作而成，长×宽×高为 45 厘米×35 厘米×12 厘米，前后和上下四面具孔洞，前面设活动门，方便投苗、投饵、清除残饵及死亡个体。每 6～12 笼用绳子绑成一串，并排整齐放置池中。每两排养殖笼之间留出 40 厘米操作水沟，用于投喂饵料。

（3）苗种放养　采用养殖笼开展工厂化养殖时，苗种投放规格通常为壳长 1.5 厘米或 2.8 厘米以上。一般每笼放养壳长 1.5 厘米左右的个体数量为 300～400 只，每层 60 只比较适宜；壳长 2.8 厘米左右的个体，每笼放养数量为 150～200 只，每层 30 只为宜；如果养殖壳长 4～5 厘米的个体，放养数量为 100～120 只，每层 20 只为宜。

（4）养成管理　鲍的工厂化养殖（图 3）与浮筏养殖相比受海区自然条件变化的影响较少，但受养殖供水和养殖密度的影响较显著。供水量应根据水温的高低、鲍的大小和养殖密度进行调整。水温高，则应该加大换水量。工厂化养殖鲍的饵料以龙须菜、江蓠为主，日投放量为鲍体重的 10%～20%。鲍的摄食量与个体和水温有关，冬、春季时，水温较适宜，可适当多投喂些饵料，并延长投喂周期。在高温季节，因饵料容易腐败，应适当缩短投饵周期，每隔 1～2 天投喂一次，投喂次日全量换水，并冲洗干净。养殖过程随着鲍的生长，应适时疏苗。

（5）收获　一般鲍壳长至 7～8 厘米即达到采收规格，可进行收获。采收的原则是同笼内 90% 以上个体达到采收规格即可进行全部采收。收获时将养

图 3　鲍工厂化养殖

殖笼具拉到阴凉处，将笼内的鲍剥离下来，并根据规格分选。鲍的规格以"头数"（每斤*活鲍中大小均匀的鲍的数量）表示。头数越少，表示鲍的个头越大，价格也越高；头数越多，表示鲍的个头越小，价格相对便宜。例如，5头鲍表示一斤活鲍有 5 只。收获后的活鲍装在塑料网筐中，采用带活水槽的密闭货车进行运输，水槽内充氧，海水温度控制在 16℃左右。

2. 典型案例

晋江福大鲍鱼水产有限公司位于福建省泉州市晋江市金井镇南江村，占地面积 50 余亩，现有标准化鲍养殖池 633 个，年产量达 5 万～6 万千克，现为全国水产健康养殖示范场并入选金砖国家领导人厦门会晤水产品专供基地，通过开展水产品质量安全追溯体系建设，成为泉州市首家"福建省水产品质量安全追溯体系试点企业"，生产的鲍产品多次获得国际渔业博览会金奖产品称号。

---

*　斤为非法定计量单位，1 斤＝500 克。下同。——编者注

栉孔扇贝"蓬莱红3号"

一、品种简介

栉孔扇贝"蓬莱红3号"（图1，品种登记号 GS-01-011-2022），生长速度快。在相同养殖条件下，与普通养殖栉孔扇贝相比，18月龄"蓬莱红3号"的闭壳肌重和壳高分别提高52.3%和13.5%。适宜在我国山东、辽宁、福建等地的筏式养殖海区养殖。

图1 栉孔扇贝"蓬莱红3号"

二、示范推广情况

栉孔扇贝"蓬莱红3号"除了在山东、辽宁等栉孔扇贝传统主产区实现了大规模推广外，还在福建海区养殖成功，成为首个在福建推广的栉孔扇贝良种，实现栉孔扇贝一年养成。目前推广养殖面积超过 7 万亩，创产值 14.47 亿元，推动了我国栉孔扇贝养殖良种化进程。

三、示范养殖模式

筏式养殖是一种常见的海水养殖模式，是在浅海水面上利用浮球和绳索组成浮筏，并通过缆绳固定于海底，将扇贝苗种装入养殖笼或网袋中，悬挂在浮筏下进行养殖。扇贝以海水中的浮游生物为食，通过水流交换获得充足的氧气和营养物质。这种方式适合在水流较缓、水质清澈的海域进行，具有管理方便、产量高等优点。栉孔扇贝"蓬莱红 3 号"的养殖主要采用筏式养殖模式。

1. 技术要点

（1）养殖条件　海上养殖选择环境友好、无外源污染的海区。海水水流畅通，饵料丰富，水深 5～30 米，流速小于 100 厘米/秒，水温为 5～30℃，pH 为 7.8～8.6，盐度为 22～33，透明度≥0.6 米，底质为砾石或砂泥。根据风浪和海流的影响，浮筏设置方向为顺流方向，筏架采用木桩（或大料石）固定于海底，每筏架长度为 80～100 米，筏间距约 5 米，浮漂直径为 28 厘米。

（2）室内繁育　"蓬莱红 3 号"的苗种繁育在室内完成。当亲贝有效积温达到 150～200℃，性腺成熟后，通过阴干、升温刺激的方式促进亲贝产卵排精。将待产的雌、雄亲贝分开，分别用清水冲洗，阴干 0.5～1 小时，亲贝可排放卵子和精子。将少量精液泼入卵子所在的育苗池中进行人工授精，遵循少量勤泼的原则，控制每个卵子周围 3～4 个精子。池内雌贝受精子刺激后进一步产卵并完成受精过程，每 1 小时搅动全池一次，防止幼体沉底、缺氧死亡。

受精卵在经过 20 多个小时的胚胎发育后，进入面盘幼虫初期（D 形幼虫），可上浮活动；通过 300 目拖网或倒虹吸的方式进行筛选，按密度为 6～8 个/毫升布池，淘汰底层劣质和畸形幼虫。

当眼点幼虫达到 30％时投放附着基，一般选用聚乙烯网片，大小为（25～30）厘米×（80～90）厘米。新网片应先经过拉毛和捶打。网片投放前需洗刷干净，先用海水浸泡 3～4 天，直至浸泡的海水清澈为止，洗净后系坠石备用。按照 240 片/池（20 米³ 水体）均匀投放。网片投放后加大换水量和换水次数，加强疾病防控。一般投帘 7 天后幼体附着完毕，当池中无浮游幼虫时可直接用胶管排水。根据附苗数量增加投饵量，每6小时投喂一次。当幼体全部长出靴状足且正常伸出附着在附着基上时，幼体开始进入匍匐幼虫阶段，每4小时投喂一次。

（3）中间培育　当幼虫附着15～20天，壳高达到400～600微米时，可进行海上筏式中间培育。选择40目聚乙烯或聚丙烯网袋（30厘米×40厘米），每袋装一片附着基。不同稚贝中间育成期密度为：壳高为0.6～2毫米，不超过15 000粒/袋；壳高为2～4毫米，4 000～5 000粒/袋；壳高为4毫米以上，1 000～2 000粒/袋。

单绳筏架筏间距4～5米。吊挂网袋前应先将筏架上的海草及其他附着物清理干净，避免遮光。每串挂10袋，一根80米的浮绠可挂60～90串。上层要在水面下80厘米左右，下端不可触底，排出袋内的气泡，避免网袋漂浮在水上。作业时要轻拿轻放，避免在水中拖曳。

网袋入海7～10天后，人工进行提、放或轻轻摆动，以冲刷网袋上的浮泥，使袋内外水交换良好，确保优良水质和饵料供应。随着稚贝的生长应及时分苗和倒袋，疏散密度。定期观测稚贝的生长和死亡情况，必要时采取调节措施。

（4）养成期培育　当大部分稚贝壳高达到2厘米时，进行浅海筏式养殖。养殖笼直径约30厘米、高约1.5米，8～12层，层间距10～15厘米，网衣为合股乙烯线机编网。网目大小有0.5厘米、2.5厘米和3.0厘米，分别用于养殖1厘米的小苗、3厘米的大苗及成贝。养殖笼严禁涂用含有机锡等防附着生物的材料。每层放栉孔扇贝30～40粒。养殖过程中，随扇贝的生长进行2～3次换笼与疏散。

筏架笼间距为0.5～0.7米，一根80米的浮绠可挂60～100笼。养殖水层应根据季节变化而改变，使水温更符合扇贝生长的要求。春季和秋季海水上层水温高，应提高养殖水层，养殖笼最上层距水面2～3米；冬季海水表层水温过低、夏季表层水温过高，均不利于扇贝生长，应降低养殖水层，下沉至距水面3～4米。壳高达到6～7厘米、湿重20～50克/个时即可收获。

（5）日常管理　及时清除敌害生物和附着生物，尽量避开藤壶、牡蛎、贻贝等附着高峰期进行分袋倒笼等生产操作（图2）。附着物大量繁殖季节、高温季节、大风浪天气来临前，应将整个筏架下沉，以减少损失。随着扇贝生长、体重增加，应及时增补浮漂，防止筏架下沉，使浮漂保持在水面将沉而未沉的状态。定期检查筏架安全及坠石和吊绳的丢失与磨损情况。当毗邻或养殖海区有赤潮或溢油等事件发生时，应及时采取有力措施，避免扇贝受到污染。如果扇贝已经受到污染，应就地销毁，严禁上市。

图 2　日常管理

2. 典型案例

威海长青海洋科技股份有限公司位于山东省威海市荣成市，2024 年养殖栉孔扇贝"蓬莱红 3 号"1 260 亩，亩产量 5 200 千克，单价 10 元/千克，亩产值 5 万元以上，利润 3 万元以上。

2023 年 11 月将 5 月龄栉孔扇贝"蓬莱红 3 号"苗种从山东荣成运至福建省连江海区，在福建省聚福源水产有限公司进行养殖。2024 年 6 月，1 龄"蓬莱红 3 号"扇贝平均壳高 67.5 毫米，达到商品贝规格，亩产 6 000 千克，成活率达 90％以上。按每千克 12 元计算，亩产值 7.2 万元，利润 4 万元以上。该模式实现栉孔扇贝 1 年养成，推动了栉孔扇贝良种在福建等南方地区的养殖推广。

"三海"海带

一、品种简介

"三海"海带品种登记号为 GS-01-003-2012，具有藻体宽、根系发达、中带部明显、体厚等特点，高产和环境广适性突出，产量可提高 10% 以上，能同时满足南北方养殖需求。

二、示范推广情况

自 2009 年以来，"三海"海带新品种分别在广东、福建、浙江、山东、辽宁 5 省开展生产性中试试验，并于 2012 年开始进行大规模养殖推广。2022—2024 年累计推广养殖面积 21 万亩，单位规模养殖密度为 3 000 株/亩，亩均产量约 12 000 千克，总产值 33.6 亿元。"三海"海带的示范推广缓解了南北方养殖海带良种的缺乏问题，能够广泛地适应我国南北方不同养殖环境条件，增产增收效果明显，在乡村振兴中作出了积极贡献，并且作为鲍养殖饲料有效支撑了关联产业的可持续发展。

三、示范养殖模式

采用海区筏式养殖模式。海区筏式养殖模式是一种在浅海水面上利用浮筏进行养殖的方式，通过在浅海水域设置浮动筏架，用缆绳固定于海底，将海带苗种悬挂在浮筏上的吊绳上进行养殖。这种模式主要利用自然海水的流动性和丰富的营养物质，为海带提供良好的生长环境。在选择海区时，应考虑水深、水质、温度、潮流、风浪、底质、透明度和附着生物等因素。此外，养殖筏的设置方向应尽可能做到横流或顺流，以优化海带的受光情况并减少相互缠绕。其具有管理方便、成本低、产量高、生长速度快等优势，并且可以根据海区的具体条件进行灵活调整（图1、2）。

图1　北方海带养殖区

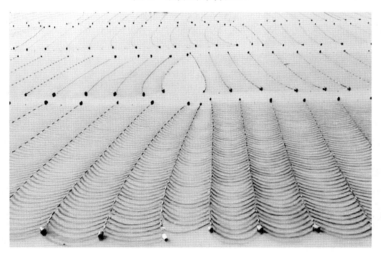

图2　南方海带养殖区

1. 技术要点

（1）海带苗种繁育　种海带即海带繁育亲本，选育时间为每年5月底或6月初。

种海带选取标准：藻体叶片肥厚、柔韧、平展、中带部宽、色浓、有光泽、柄粗壮且没有形成孢子囊。

种海带的清洗：仔细清洗种海带表面附生的污泥及杂藻后，运至种海带养殖区。

种海带复选：6月中下旬或7月上旬，进一步挑选藻体生长良好、没有形成孢子、无病烂、附着物少的海带。

南方地区种海带培育：剪去种海带藻体边缘波褶部和稍部以及丛生的假根团，洗去叶片的附着物，把处理好的种海带洗刷干净移入育苗场的种带培育车间内，约20株1串，平养在育苗池内，密度为每平方米4～10株，培育条件为水温8～10℃，用布帘遮盖育苗池，保持光照强度1 000～4 000勒克斯。每天换水1/4～1/3，保温，每天流水16小时。

北方地区种海带培育：种海带养殖在种海带养殖区或海带生产养殖区，为水流通畅、水深20～30米的外海区，水流速度不小于0.2米/秒，透明度变化小于3米，水质符合GB 11607和NY 5052的要求。培育方式为平养。

种海带检查：每天观察种海带的生长发育情况，如发现有腐烂或者病变的个体，应及时清理掉。同时，观察种海带表面是否形成孢子囊，如发现孢子囊开始形成，应及时调整光照和水温。

（2）海带苗种培育管理

种海带运输：南方地区将种海带从种带房中移出。北方地区将种海带收集在船上并通过陆上运输至育苗场，全程需要用篷布遮盖避免日晒雨淋，同时注意通风。

种海带的清洗：用软布和低温海水反复清洗种海带，去除表面的附着物并去除腐烂和孢子囊面积小的种海带。

游孢子放散：种海带需要进行阴干刺激，南方地区是将清洗后的种海带挂于阴凉通风处3～4小时，保持温度在12～18℃，北方地区是在清晨进行种海带收割和运输，用淋透海水的篷布遮蔽阳光。南方地区是在消毒后的1 000升水桶放入低温海水，将种海带放到水桶中，人工搅拌，用筛绢过滤水中的黏液；北方地区是将低温冷水注入消毒后的一个育苗池中，将种海带放到育苗池中，用捞网捞出水中的黏液，并不断用搅耙搅动。游孢子放散水温为4～9℃，光强不超过2 000勒克斯；南方地区种海带使用数量平均为每个育苗帘 0.01 株，北方地区平均为每个育苗帘 0.1～0.3 株；每 10 分钟进行镜检，100 倍显微镜下每视野有 300～400 个游动活泼的游孢子即可取出种海带停止放散。

采苗：南方地区海带采苗时间在 9 月底到 10 月初，北方海带采苗时间在 8 月中上旬。游孢子放散到一定密度后，将孢子水清除黏液后搅拌均匀。南方地区是加入低温海水稀释至在 100 倍显微镜下每视野有 3～5 个游动孢子，随后将孢子水倒入放有塑料框育苗帘的育苗池中，苗帘数为 10 个一组且立放。北方地区是将孢子水倒入提前准备好低温海水的育苗池中，搅拌均匀至在 100 倍显微镜下每视野有 10～20 个游动活泼的游孢子后直接放入苗帘，苗帘层数为 6～8 层；通常 2 小时左右游孢子即可附着牢固，然后换水移帘；游孢子附着数量为 100 倍显微镜下，每视野 15～30 个。

室内培育管理：育苗水质要求符合 GB 11607；采苗后一周就可用水枪冲洗法洗刷苗帘，形成孢子体后改为隔天洗刷一次，洗刷的次数和力度应根据幼苗和杂藻的生长情况而定；当幼苗长度为 1～2 厘米时，根据实际情况，调整苗帘保证幼苗生长速度一致；同时要注意育苗池的清洗，每 10 天洗刷一次，将同一水系育苗池中的苗帘移至旁边的育苗池，停止注水，用刷子将池底、池壁的浮泥和杂质洗刷干净。

详细育苗条件见表 1 和表 2。

表 1　南方海带育苗条件

育苗阶段	水温（℃）	光强（勒克斯）	营养（氮∶磷；毫克/升）*	换水率（%）
游孢子萌发	6.5～7.5	1 500～2 000	0.5∶0.05	20
配子体	6.5～7.5	1 500～2 000	1.0∶0.20	40
配子体发育	6.0～7.0	1 500～2 000	1.0∶0.20	50
幼孢子体形成	6.0～7.0	1 500～2 000	1.0∶0.20	50
1～4 列细胞苗	6.0～7.0	1 500～2 000	1.0∶0.20	50
16 列细胞苗	6.5～8.0	2 000～3 000	1.0∶0.20	50
2 毫米幼孢子体	6.5～8.0	2 000～3 000	1.0∶0.20	50
4～8 毫米幼孢子体	6.5～8.0	2 500～3 500	2.0∶0.40	50
8～20 毫米幼孢子体	6.5～8.0	3 000～4 500	2.0∶0.40	50
20～40 毫米孢子体	6.5～8.0	3 500～4 500	2.0∶0.40	50

（续）

育苗阶段	水温 （℃）	光强 （勒克斯）	营养 （氮：磷；毫克/升）*	换水率 （％）
出库前	7.0～8.0	3 500～5 000	4.0：0.40	50

* 营养盐浓度误差范围在 20％ 以内；光照每天 10 小时左右。

表 2　北方海带育苗条件

育苗阶段	水温 （℃）	光强 （勒克斯）	营养 （氮：磷；毫克/升）*	换水率（％）
游孢子萌发	7.0～9.0	500～1 000	1.0：0.05	20
配子体	7.0～9.0	500～1 000	1.0：0.05	20
配子体发育	6.0～7.0	1 000～1 500	1.5：0.15	20
幼孢子体形成	6.0～7.0	1 000～1 500	1.0：0.10	20
1～4 列细胞苗	5.0～6.0	1 500～2 000	2.5：0.20	20
16 列细胞苗	5.0～6.0	2 000～2 500	2.5：0.20	30
2 毫米幼孢子体	6.0～7.0	2 000～2 500	3.0：0.30	30
4～8 毫米幼孢子体	7.0～8.5	2 500～3 000	4.0：0.40	40
8～12 毫米幼孢子体	8.0～8.5	3 000～3 500	4.0：0.40	50
12～20 毫米孢子体	8.9～9.0	3 500～4 000	4.0：0.40	50
出库前	9.0～10.0	4 000～4 500	4.0：0.40	50

* 营养盐浓度误差范围在 20％ 以内；光照每天 10 小时左右。

出库：当水温降至 21℃ 以下（山东省和辽宁省约 10 月中下旬，福建省和浙江省约 11 月中旬），海带苗长度 2 厘米左右即可下海暂养。出库标准为幼苗藻体健壮、叶片舒展、色泽光亮、有韧性；苗帘无空白段、杂藻少，每 1 厘米苗绳海带苗数量为 10～15 株，附着均匀，其中 2 厘米以上海带苗数量应多于 6 株。采用湿运法，南方地区是将运输器具（泡沫保温箱）和苗帘用低温海水冲洗后密封，避免阳光暴晒，运输时间为 24 小时以内；北方地区是将运输器具（保温箱）用浸透海水的海带草铺匀，按照一层海带草一层苗帘的方式进行摆放（10～15）层，使海带草和幼苗保持湿润，盖好篷布用高压海水淋洗，运输至养殖场，运输时间为 10 小时以内。

（3）海带养殖　海带养殖区应设在无城市污水、工业污水和河流淡水排放的海域。水质应符合 GB 11607 和 NY 5052 的要求。海流流速为 0.17～0.7 米/秒，以 0.41～0.7 米/秒为宜；透明度变化幅度小于 3 米比较适宜；水深 8～30 米，其中 20～30 米海区是高产海区。

养殖单式筏结构包括：浮绠（材料为聚乙烯、聚丙烯等化学纤维绳缆，直径为 1.5～2 厘米，筏身长度标准为 50～60 米）；橛缆（材料规格与浮绠相同，长度为水深的 2 倍，风浪、海流较大的海区为 2.5～3 倍）；木橛（采用较软质干燥的木料去皮制成，直径 15 厘米左右，长度 1～1.5 米）；砣子（为石砣或水泥砣，重量为 1 000 千克以上，砣子高为砣子底的三分之一，砣子环的直径为 20～22 米）；浮漂（用塑料制成，直径为 28～30 厘米，重量为 1 600 克左右，浮力 12.5 千克）；绑浮漂绳（材料为聚乙烯绳，直径为 0.2～0.3 米）；吊绳（材料为聚乙烯绳，直径为 3～5 米，长度按海区养殖水层而定）；苗绳（苗绳为红棕绳或红棕丝与聚乙烯纤维混纺绳，均为三股合成，直径为 1.3 厘米，松紧适宜；北方的苗绳长 2～2.5 米，南方的苗绳长 3.5～4 米）；单筏（单筏排长 60 米，行间距 5 米，每排单筏挂苗 100 绳）。

单筏设置布局为统一规划，筏间距 5～8 米，每小区设筏 20～40 行，区间距 30～50 米，区与区之间呈"田"字形纵横排列；方向以顺流设筏为主，在风浪和海流较大的海区偏流设筏；确定浮筏方向和筏身长度后，在筏身两端打木橛或下砣子固定筏身。筏身施工时要松紧适中，应当在高潮时保持筏身较松弛的状态，使筏身能够随风浪有一定的幅度浮动；绑系浮子的绳扣应结紧，绳索与浮绠衔接处要绑紧；吊绳绑在浮绠上一定要牢固，不能使其左右滑动，防止吊绳和苗绳相互缠绕磨损而掉失；在风浪大的软泥底海区，橛长度在 1 米以上，海区木橛长度不小于 0.8 米，橛缆要绑在木橛下端 1/2～3/5 处，以防拔动木橛。养殖筏架结构见图 3。

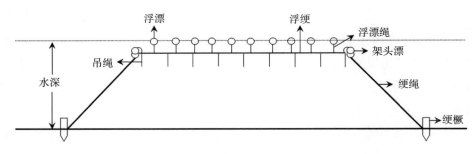

图 3　养殖筏架结构

（4）日常管理　夹苗前先将苗绳放在海水中浸泡，使苗绳处于湿润状态；苗种选择符合 GB/T 15807 的要求，苗种下海和暂养符合 NY/T 5057—2001 的要求；手工夹苗要将海带幼苗柄部穿于苗绳中央。根据养殖环境的水深及海流等情况，夹苗密度一般为 30～35 株/绳；夹好苗后用吊绳将苗绳固定在养殖筏架上，水层为 80 厘米。

海带养成期采用平养法。浮筏设置与海流平行，连接相邻两行浮筏之间的苗绳，使苗绳平挂于海水中，使海带受光均匀，有利于海带的生长。平养后每 30 天倒置一次。

水层调节方法为初挂水层 80～120 厘米，根据透明度的变化适时提升水层，当水温上升至 12℃以上时，应适当提升水层 30～40 厘米。

海带养成期间主要病害及其防治方法见表 3。

表 3　海带养成期间主要病害及其防治方法

名称	病因	病状	防治方法
绿烂病	受光不足	藻体由梢部开始变绿变软，而后腐烂，直至整个叶片烂掉	适当提升水层或倒置，切梢与间收，洗刷浮泥，稀疏苗绳
白烂病	营养不足，受光过强	藻体从叶片尖端开始逐渐由褐色变白色并腐烂脱落	降低养殖水层，切梢和洗刷
点状白烂病	光照突然增强	叶片变白腐烂或形成不规则孔洞	稀疏苗绳，通流，控制养殖水层
卷曲病	受光过强	叶缘凹凸、皱褶，并向中带部卷曲，藻体停止生长	叶长在 100 厘米以内采取密挂暂养，根据透明度大小控制适当水层，初期在 80～100 厘米以下

海带采收：在南方 3 月下旬、北方 5 月上中旬，鲜干比达到 8∶1 即可间收，水温 15℃以上可整绳收割；当海区水温达到 17℃以上时，也可整绳收割。

2. 典型案例

福建鑫海水产苗种有限公司是一家专注于海带苗种生产与销售的高科技企业，位于福州市连江县筱埕镇东坪村。该公司面积为 40 亩，单一批次海带苗种繁育能力为 4 万帘（可供 4 万亩养殖），多年以来连续进行 2 个批次的苗种生产，自 8 月下旬至 10 月初进行辽宁等北方地区海带养殖苗种的繁育，9 月末至 11 月中旬进行福建等南方地区的海带养殖苗种的繁育。每年推广销售苗种 6 万帘以上，可供约 4 000 户渔民从事海带养殖生产。

裙带菜"海宝1号"

一、品种简介

裙带菜"海宝1号"（品种登记号 GS-01-010-2013），生长速度快。在辽东半岛主栽培区相同栽培条件下，平均吊重达 160 千克，比普通对照组提高 48.1％，最高单吊记录达 186 千克；平均每吊孢子叶的产量为 21 千克；藻体羽状裂叶繁茂，叶片宽，柄宽，特级梗长，孢子叶发达（图1）。适宜在我国辽宁、山东沿海裙带菜栽培海域中养殖。

图1　裙带菜"海宝1号"

二、示范推广情况

裙带菜"海宝1号"养殖广泛采用海上筏式养殖模式，近三年在全国裙带菜主产区辽东和山东半岛的示范推广养殖面积超过 12 万亩，亩增产 20％ 以上。"海宝1号"是我国自主培育的第一个裙带菜新品种。

三、示范养殖模式

采用海上筏式养殖模式。海上筏式养殖模式是一种在浅海区域利用浮筏进行海藻养殖的方式，具有成本低、操作简便、适应性强等特点，是我国海藻养殖的主要模式之一。裙带菜养殖通常用单式筏，也是最常见的筏式养殖设施，主要由浮绠、橛缆、橛子（或石砣）和浮子组成。浮绠通过浮子漂浮于海水表面，用于悬挂养殖苗绳；橛缆连接浮绠与木橛（或石砣），用于固定筏身。单式筏的长度一般为 60～100 米，可根据风浪大小调节。筏式养殖可以充分利用浅海水域的空间，实现立体养殖，这种养殖模式对海区条件的适应性较强，可在多种类型的浅海区域进行养殖。

1. 技术要点

（1）养殖条件　辽东半岛和山东半岛大部分近岸海区，都适合养殖裙带菜"海宝1号"。具体要求：养殖海区透明度应在 2.5 米以上；适宜水深为 10～

40 米，以 20～30 米水深的海区为最佳；生长期水温低于 21℃，但以冬季不结冰为好；无机氮大于 0.10 毫克/升，无机磷大于 0.01 毫克/升，若海区营养盐太低，可适当施肥；海流适宜流速在 0.17～1.0 米/秒，以 0.6～0.8 米/秒为最佳；适宜盐度在 25～32，以 28～31 为最佳。海区要求无工业污水排放。

（2）养殖设施　裙带菜养殖设施为浮筏。浮筏的单筏平行布设，养殖苗绳连接于相邻两台单筏之间，平挂于海水之中，多个单筏连成筏区。根据水深和海流情况，一个筏区由 30～100 台单筏构成，筏区之间留出 40～50 米航道。

浮筏结构包括浮绠、橛缆、木橛（或坨子）、浮漂、吊绳、苗绳、坠石。

浮绠为聚乙烯等化学纤维绳缆，直径为 22～30 毫米，浮绠长度为 60～120 米。

橛缆材料与浮绠相同，但直径一般要比浮绠粗 2 毫米，长度一般是水深的 2 倍，风浪、海流较大的海区为 2.5～3 倍，橛缆长度设置标准是保证筏身在高潮时处于松弛状态，能够随风浪有一定幅度的浮动。

浮筏在海区由木橛或坨子固定。对于泥沙底质海区，在筏身两端打木橛固定浮筏。木橛采用刺槐等硬质木材，直径为 150～250 毫米，长度为 1.5～2.5 米，橛缆要绑在木橛的下端，以防木橛在海流冲击下拔出。沙石底质或无法打木橛的海区，采用下砣子的方法固定养殖筏。砣子用混凝土浇制，重量为 2～10 吨，砣子的高度要偏低，砣子环直径为 100 毫米。在风浪大、水流大或水深的海区，用重砣或大木橛子，确保浮筏安全。

浮筏筏身由浮漂稳定在海面上，塑料浮漂直径一般为 28 厘米，重量 1.6 千克，浮力为 12.5 千克。玻璃浮漂直径一般为 30 厘米，重量为 2.0 千克左右，浮力为 15 千克。绑缚浮漂的绳材质为聚乙烯，直径为 3～6 毫米。绑缚浮漂的绳扣要结紧，绳索与筏绠的衔接处要绑紧，保证浮漂绑缚牢固。

用吊绳将养殖苗绳与浮绠连上。吊绳上端在浮绠上绑紧，下端绑系养殖苗绳，使养殖苗绳悬吊于浮绠下面。吊绳为聚乙烯材质，直径 3～6 毫米。

苗绳为苗种生长附着基质，材质为聚乙烯或聚乙烯混纺绳，直径 16～20 毫米。

坠石悬吊于养殖苗绳中间，保持苗绳在海水中不漂浮的状态。

（3）养殖技术　苗帘下海暂养半个月左右，苗种绳上幼苗可长到 0.3～0.5 厘米。将苗种绳剪成小段夹到养殖苗绳上，进行养殖生产。夹苗操作可在海上小船里进行，也可在陆地上操作。若养殖规模小，夹苗时间充裕，可在海上夹苗。取1个苗帘，将苗种绳剪成3～5厘米的小段，放入白瓷盘中。将浸泡好的养殖苗绳顺到船舱中夹苗，每间隔35～45厘米夹入1块苗种绳段，8米长的养殖苗绳可夹入20块左右苗种绳段（图2）。夹好的养殖苗绳直接吊挂养殖。若养殖规模大，需要在陆地集中夹苗，将夹好苗的养殖苗绳分批（一般以100根养殖苗绳作为1个运送单位）运到海上吊挂。在陆地夹苗需要预先搭建遮阳棚，在阴凉处操作，避免阳光直射伤害裙带菜幼苗。同时，将苗帘从海上运送到陆地和将夹苗后的养殖苗绳从陆地运输到海上的过程中，都要在苗帘或养殖苗绳上遮盖湿麻袋片等遮阳物，保护幼苗。夹苗需要选择多云但无雨、气温低的天气，最好避开中午炎热的时刻。在气温23℃以下操作为宜。

图2　裙带菜陆地夹苗现场

养殖苗绳夹苗后，水平悬挂在相邻的两台浮筏之间，悬挂水深约1.2米。养殖苗绳用双股吊绳绑缚到筏绠上，使其不能左右滑动，防止吊绳和养殖苗绳相互交缠磨损。养殖苗绳的间距为1.3～1.5米。从陆地夹完苗分批运送到海区的养殖苗绳，往浮筏上吊挂时一定要迅速，尽量减少露空时间，保证幼苗成活率。

裙带菜长到60～70厘米时（一般在11月底），将养殖苗绳水层由初挂的1.2米提到0.5米。1周后，在苗绳中间挂塑料浮漂（直径20厘米），使苗绳中间部位水层在70厘米左右。

每根养殖苗绳的裙带菜个体数量控制在150～200棵最为适宜，平均每簇菜（夹苗时1块苗种绳段上长出来的菜）10颗左右。根据这个标准进行多间少补：苗种绳段上裙带菜小苗会陆续长出，后长出的小苗会与前期长出的大苗争营养，导致裙带菜太过密集、长势差，间掉小苗才能保证裙带菜质量好，产量高；有的养殖苗绳由于交缠等原因缺苗，需从菜苗多的地方转移一些，夹到缺苗处。

在营养盐含量较低、海流较小海区，在养殖苗绳提水层后，需施加肥料，保证裙带菜生长。肥料为硝酸铵或氯化铵。施肥方法分为挂袋法、泼肥法和小船喷肥法。

挂袋法：用塑料袋盛装0.5千克硝酸铵或氯化铵，在塑料袋两面分别扎2个直径不超过2毫米的小孔，挂到浮筏上。1台浮筏上挂30袋，每隔2台筏挂1台。

泼肥法：泼肥法需用大容器配制0.5%的硝酸铵或氯化铵溶液，转移到小船舱内，人工划船泼洒。

小船喷肥法：把肥料堆放到有进水孔的船舱中，随着海水从进水孔进入船舱，肥料溶解，用水泵把溶解的肥料泵到养殖筏区内。

（4）日常管理　养殖技术人员需要在养殖筏区内定期巡视，观察浮筏状况和裙带菜的生长状况（图3）。保持筏距、浮漂均匀，及时整理交缠养殖苗绳，清除大型污损贝藻。尤其在风浪大、海流急的海况下，密切注意是否有浮筏损坏，对损坏浮筏及时处理，防止发生连锁反应、危害临近浮筏。

图3　裙带菜"海宝1号"海上养殖

2. 典型案例

大连海宝渔业有限公司是以大型海藻和海珍品的育种、育苗、增养殖和加工为主的高新技术企业，是国家级虾夷马粪海胆种质资源场和良种场、国家级裙带菜良种场和国家藻类产业技术体系大连综合试验站依托单位。公司多年来持续繁育和养殖"海宝1号"裙带菜，年产"海宝1号"裙带菜1万多吨。"海宝1号"裙带菜市场较为稳定，这种稳定的生产和盈利模式，对裙带菜养殖业可持续发展具有重要意义。

坛紫菜"闽丰2号"

一、品种简介

坛紫菜"闽丰2号"（图1）品种登记号为GS-01-010-2020，该品种是集美大学坛紫菜课题组针对品质、耐高温等性状，采用辐照诱变、杂交、选择和细胞工程等育种技术，经过连续4代选育而成。2020年通过农业农村部新品种审定，获得国家水产新品种证书。与未经选育的坛紫菜传统养殖品种相比，该品种具有品质优、耐高温和生长速度快等优点，粗蛋白、色素蛋白和4种呈味氨基酸含量均提高30％以上，可溶性蛋白提高16％以上，平均生长速度提高25％以上，耐高温能力提高2℃以上；与坛紫菜"闽丰1号"相比，该品种

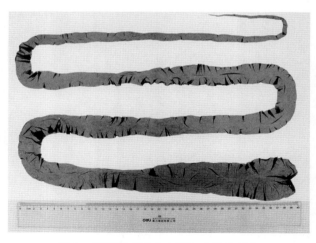

图1　坛紫菜"闽丰2号"叶状体标本

在保持"闽丰 1 号"耐高温能力强，生长速度快的基础上，品质明显提升，粗蛋白、可溶性蛋白和 4 种呈味氨基酸的含量提高 10％以上，色素蛋白含量提高 7％以上。适合在福建、广东、江苏、山东等沿海省份养殖。

二、示范推广情况

坛紫菜"闽丰 2 号"主要在我国福建省的福清、莆田、泉州、平潭等市县的浅海区域养殖，近几年也推广到江苏连云港等北方海域养殖。该新品种 2022—2024 累计直接推广养殖面积超过 6 万亩。"闽丰 2 号"在产量和品质方面均明显优于同海区栽培的传统品种，网帘上出苗整齐，没有浒苔等绿藻生长，色泽好，没有发白烂头现象，加工成的紫菜干品色泽乌黑发亮，口感甜。据统计，"闽丰 2 号"产量平均比同海区栽培的传统品种提高 20％以上。

三、示范养殖模式

坛紫菜是一种光合自养海洋生物，通过吸收利用海水中的碳、氮、磷等元素来满足自身生长发育需求。坛紫菜筏式养殖是一种将网帘水平张挂于筏架上，由筏架提供浮力确保附着在网帘上的坛紫菜浮于海面生长的栽培方法。整个养殖过程中无需施肥，坛紫菜生长发育所需的营养物质都来自天然海水，因此养殖产品是天然绿色无污染食品。养殖前根据将养殖的海区条件选择适宜的筏架类型；然后根据地区气候和采苗设施条件制定采苗计划，并严格按照技术要求做好壳孢子采苗工作；出苗后要做好苗期管理；成叶期管理工作主要是定期干出晒网和收获。

1. 技术要点

（1）养殖海区选择　在生产上，坛紫菜栽培效果与海区条件密切相关，因此栽培海区的选择在坛紫菜栽培生产中至关重要。在选择坛紫菜栽培海区时必须认真调查和反复比较。

选择坛紫菜栽培海区时，应选择风浪较大的东北向或东向海湾。泥沙底较为理想，打桩方便，退潮后行动方便，有利于管理。如果栽培区域处于潮间带，采用半浮动筏式栽培；退潮时不能干出的浅海区采用全浮动筏式栽培。坛紫菜是喜浪的光合自养海洋生物，在保证筏架安全的情况下，适宜的海水流速和营养盐浓度可获得坛紫菜高产。一般认为坛紫菜养殖区的海水流速为 20～

30厘米/秒（12～18米/分钟）比较理想。海水氮浓度应高于40毫克/米³。此外，栽培海区不宜设在工业污染严重的海区、航道和大型码头附近，盐度在19以下的海区通常也不适宜栽培坛紫菜。

（2）养殖筏架类型选择及设置要求　坛紫菜的筏式养殖有多种类型，目前比较常用的是全浮动筏式养殖、半浮动筏式养殖以及支柱式筏式养殖。每种养殖类型都有其特定的应用场景和技术要求，选择哪种类型取决于当地的环境条件、养殖目标以及经济条件。

全浮动筏式养殖：是将紫菜网帘水平张挂在筏架上，无论潮水涨落，筏架始终漂浮在水面上的养殖类型（图2，左）。这种方法适用于退潮后不干出的、杂藻和病原生物少的浅海区域。然而，由于苗帘总是浸泡在海水中，容易导致杂藻附生和病害发生。为了克服这个问题，需要将网帘移到陆地上进行干出晒网，或用泡沫浮球将筏架架离海面，使紫菜叶状体干出以杀死杂藻和病原生物。

支柱式筏式养殖：是将竹竿或木桩作为支柱直接固定在潮间带的滩涂上，再将长方形的网帘按水平方向张挂到支柱上，使网帘随潮水涨落而漂浮和干出的一种紫菜栽培方式（图2，右）。该种栽培模式可以减少晒网、调网和收菜的劳动强度，但对养殖海区要求比较高，适合在内湾潮差相对较大、风浪较平静的泥沙底和硬泥底潮间带海区栽培。目前普遍使用的是改进版支柱式栽培，附有高度调节装置，方便进行干出处理。

图2　全浮动筏式养殖（左图）和支柱式筏式养殖（右图）

半浮动筏式养殖：该方法的特点是涨潮时筏架漂浮在海水表面，接受更多的光照，而退潮后则依靠支腿平稳地竖立在海滩上，使网帘有一定的干露时间

（图 3）。这种方式有利于紫菜的生长，同时也便于生产管理。它结合了全浮动和支柱式的优点，既能让紫菜得到充足的光照，又能通过干露减少杂藻和病害的发生。但此方式只能在潮间带的中潮位附近实施，栽培面积受到较大限制。

图 3　滩涂上的坛紫菜半浮动筏式养殖

　　筏架的海上设置在坛紫菜栽培中十分关键。在一定面积的海区内，能够设置的筏架数量是有限的。筏架或网帘密度过高会造成潮流不畅，栽培海区超负荷开发，坛紫菜的质量、产量都有所下降。为了保证潮流通畅，一般筏架都采用正对或斜对海岸，与风浪方向平行或成一个小的角度。栽培小区、大区之间都应留出一定的通路或航道。生产上，坛紫菜栽培筏架的合理布局应当是筏架间距为 8～12 米，小区（由 10 个筏架组成）距离为 20～25 米，大区（由 3 个小区组成）距离为 40～60 米。

　　（3）壳孢子采苗　准备好养殖设施后，就可以根据天气情况提早准备壳孢子采苗工作。壳孢子采苗的条件是采苗期间及以后网帘的海上养殖过程中海水温度稳定在 28℃ 以下。坛紫菜壳孢子采苗分为室外采苗和室内采苗两种方法，二者的基本原理相同，都是通过流水刺激成熟的贝壳丝状体放散壳孢子。坛紫菜的壳孢子释放具有周期性，一般在每天 8：00—10：00 集中放散，下午放散量很少，甚至不放散。不同天气出现放散高峰期的时间有所差异，晴天壳孢子放散的高峰期稍早一些，在 8：00—9：00，阴天则推迟至 9：00—10：00。因此应该在上午进行坛紫菜采苗操作。因此，生产上都是在采苗前一天下午将成熟的贝壳丝状体经过流水刺激一晚，第二天清早开始收集贝壳集中大量放散的壳孢子，然后将壳孢子水均匀地泼洒在已预先张挂于海区筏架上的网帘上，达到人工采苗的目的。

　　首先介绍室外采苗方法（图4）。采苗的前一天下午，将贝壳丝状体装入网袋，用船运到潮流通畅的外海，把贝壳挂在船边，船停在海上，让水流刺激一个晚上。同时在采苗前一天下午，事先将网帘绑到筏架上，一般将20～30张网帘网孔错开重叠绑到筏架上，以减少壳孢子流失；网帘不能绑得太早，否则浮泥杂藻的附着会影响壳孢子的附着。经过一个晚上的海流刺激，第二天6：00前把下海刺激的贝壳丝状体放在船舱里，加入适量海水，并不断搅动，使成熟的丝状体放散壳孢子，在放散高峰期末（9：00—10：00）第一次泼壳孢子水，船舱再加点海水，让丝状体继续放散壳孢子，12：00前再泼一次壳孢子水。采用该方法采苗应注意当天放散的壳孢子必须当天用完，并且刚附上的壳孢子在海上至少有3小时的浸水时间；网帘挂养水层应掌握在表层至水深10厘米处，过深则不利于附苗；采苗3～5天后，应检查附苗密度，然后分散网帘，进行分网栽培。

图4　在养殖区进行的坛紫菜网帘泼壳孢子水采苗
左图为船舱中制作好的坛紫菜壳孢子水；右图为养殖户正在往网帘上泼壳孢子水

　　采苗所需的贝壳数量：如果以每个丝状体贝壳平均放散100万个壳孢子计算，则每亩网帘仅需100个丝状体贝壳，但在生产上为了避免采苗不均匀或受不良环境影响，每亩网帘常用400～600个贝壳，这样一般可以得到2亿～7亿个壳孢子，可以保证采苗密度。

　　室外采苗所需要的设备简单，只要有船只和简单的泼水工具即可，操作也方便，而且在进行大面积的海区采苗时，效率比较高。但该方法采苗受天气条件限制，附苗密度不容易控制，且孢子水流失严重。

　　坛紫菜室内壳孢子采苗方法也广泛被养殖户应用，其优点是网帘附着密度均匀，采苗速度快，且可以节约贝壳丝状体的用量。但在后续的网帘运输到养殖区的过程中，需注意保湿防干。将经过流水刺激的成熟贝壳丝状体置于室内采苗池中，使其放散壳孢子，并附着于网帘上。采用这种方法采苗，壳孢子的密度略大于海水，在没有水流的条件下，放散出的壳孢子大多会沉积在池底，因此在室内采苗过程中，需充分搅动池水，让壳孢子充分接触并附着于苗绳。通常室内采壳孢子的方式根据搅动池水的方法不同，分为流水式采苗、冲水式采苗、摆动气泡采苗和水车采苗等。

（4）出苗期的管理 从网帘下海到出现肉眼可见大小的幼苗的阶段称为坛紫菜的出苗期。其间，杂藻和浮泥对坛紫菜壳孢子的萌发、生长有较大影响，因此，出苗期要保持潮流通畅，并要经常冲洗苗帘，以保持苗帘的清洁，同时在出苗期要保证每次潮水有 2～3 小时的干出时间，这也是提高壳孢子萌发率、保持苗种健康生长的重要措施。

坛紫菜从采孢子到肉眼见苗，一般为 10 天左右，长到 1～3 厘米最多需 20 天，出苗期应加强管理，做到早出苗、出壮苗、出全苗。

苗网下海后的管理工作主要是清除浮泥与杂藻。浮泥与杂藻附着在苗网上会妨碍幼苗生长，推迟见苗日期，严重时全部包埋幼苗，使幼苗得不到生长而死亡。因此，应及时清洗苗帘，并进行晒网。晒网应在晴天进行，将网帘解下，移到平地上或晒架上摊平暴晒。晒网的基本原则是要把网帘晒到完全干燥，可以根据手感进行判断，但还需要根据坛紫菜苗的大小情况进行不同操作。晒网结束后，应尽早将苗网挂回筏架上，如不能及时将苗帘挂回，则应将网帘卷起，暂放于通风阴凉处，不能将大批没有晒干的网帘堆积在一起过夜。

（5）成叶期管理 当坛紫菜网帘被 1～3 厘米的幼苗覆盖后，就意味着出苗期的栽培结束，开始进入成叶期，这一时期管理得好，产量可以增加，如果管理不当，会使产量受到影响。

定期巡视，特别是遇到大风浪时更要加强防范。检查网帘是否拉平、绑紧，防止卷、垂，纠正高低不平的筏架，使其保持在一个平面上，重新整理被风浪挤在一堆的竹架与网帘；检查固定装置是否牢固，如竹、木桩或石砣是否移位，桩缆和浮缆有无磨损与断裂，发现问题及时调换加固，确保生产安全。

坛紫菜进入成叶期栽培以后，藻体生长的适宜潮位不是固定不变的，应根据藻体的大小，适当调整坛紫菜的干出时间。幼苗培养期间的合适潮位是大潮时干出 3～4.5 小时，成菜栽培期间的潮位可以适当调整为大潮时干出 2～4.5

小时，后期则可以调整为大潮时干出 5～7 小时。

（6）采收　合理采收可以提高坛紫菜的产量和质量。适时地采收，既可以避免坛紫菜被风浪打断，又可以减缓坛紫菜老化，增加坛紫菜产值。坛紫菜采收长度要根据栽培海区海况而定，风浪较大的海区，当藻体长到 15～20 厘米时就可以进行采收，风浪较小的海区可以适当长些再采收，但不宜过长，过长会因坛紫菜边缘形成生殖细胞，放散果孢子，而降低坛紫菜质量。坛紫菜从 9 月上旬开始采壳孢子，在正常的情况下，30～50 天后就可以进行第 1 次采收（头水）。河口区营养丰富，如果潮流畅通，30 天后就可以进行第 1 次采收；外海区营养盐含量稍低，45～50 天也可收获，在长达 5～6 个月的养殖时间，可采收 6～7 次。坛紫菜在快速生长期，最快日生长速度高达 4～5 厘米，从第 2 次采收开始，可以每隔 7～10 天就采收一次。

为了便于后期加工，采收坛紫菜的时候还要密切关注天气，晴天可以多收，阴雨天少收，大风前要及时抢收。收获的坛紫菜如果不能及时加工，应用干净的海水将原藻洗净，沥干水，放置于通风处阴干，等待天气晴朗时再加工。头水坛紫菜薄，蛋白质、氨基酸含量高，纤维素含量低。随着采收次数的增加，坛紫菜的蛋白质、氨基酸含量降低，品质逐渐变差。头水坛紫菜的价格往往远高于其他水次，也是利润的主要来源，可根据市场情况合理安排采收计划。

2. 典型案例

陆红军是江苏省连云港市连云区高公岛街道黄窝村人。黄窝村海域营养盐丰富，水流通畅，水质清澈，坛紫菜栽培期间透明度约为 50 厘米。该养殖户从 2014 年开始栽培坛紫菜，栽培坛紫菜总面积约 700 亩，栽培模式为支柱式筏式养殖栽培。该养殖户年收获头水菜湿重约 350 吨，销售收入约 300 万元，利润约为 150 万元。

条斑紫菜"苏通 2 号"

一、品种简介

条斑紫菜"苏通 2 号"（品种登记号 GS-01-014-2014），产量高、制品品质优良。在相同海区生产条件下，状体成熟度高，产量比传统养殖品系提高 10.25％～12.56％，可溶性蛋白含量提高 22.69％。适宜在黄海海区进行养殖。

二、示范推广情况

条斑紫菜"苏通 2 号"可应用于黄海海区，采用半浮动筏式、插杆式和全浮动筏式养殖模式，近三年在江苏、山东、辽宁推广生产，养殖面积累计超过 60 万亩，亩增产 12％左右，仅一次加工产品新增产值约 5.50 亿元，条斑紫菜"苏通 2 号"在助力江苏、山东、辽宁等地乡村振兴中作出了积极贡献。

三、示范养殖模式

条斑紫菜"苏通 2 号"养殖参照标准有：《条斑紫菜》（GB/T 21046—2024），《条斑紫菜 种藻》（GB/T 32712—2016），《条斑紫菜 丝状体培育技术规范》（GB/T 35938—2018），《条斑紫菜 冷藏网操作技术规范》（GB/T 35907—2018），《条斑紫菜 海上出苗培育技术规范》（GB/T 35899—2018），《条斑紫菜 全浮动筏式栽培技术规范》（GB/T 35898—2018），《条斑紫菜 半浮动筏式栽培技术规范》（GB/T 35897—2018）。

1. 技术要点

（1）采苗工程　条斑紫菜"苏通2号"采苗可以采用种菜发散的果孢子或自由丝状体作为种源，二者接种方法有所差异。

果孢子的采集和接种：将种藻（叶状体）放入盛有适量海水的容器中，搅动1～2小时后取出种藻，果孢子海水用80～120目筛绢过滤备用，显微镜计数框计数果孢子量，果孢子采苗密度为100～300个/厘米^2。

自由丝状体的接种：用食品粉碎机将预先培养的自由丝状体切割至200～300微米，显微镜计数框计数，自由丝状体采苗密度为100～300个/厘米^2。

采苗从4月中旬至5月上旬，水温以15～20℃为宜。培育基质选用新鲜文蛤壳、牡蛎壳、扇贝壳或河蚌壳等，洗刷干净并用1%～2%的漂白粉液或1～2克/吨的二氧化氯液浸泡消毒。海水需经7天以上的黑暗沉淀，相对密度为1.016～1.022，pH为8.0～8.3。采苗前需要将洗净的贝壳呈鱼鳞状排放在育苗池，采苗前一天在育苗池加入0.10～0.15米海水，将贝壳完全浸没。

果孢子或自由丝状体投放后3天内，拉上育苗室窗帘，保持室内黑暗和培育池中海水的静置，确保壳孢子或自由丝状体充分接触并钻入贝壳珍珠层。

（2）种苗培育管理　果孢子或自由丝状体钻入贝壳珍珠层后萌发形成贝壳丝状体蔓延生长，贝壳丝状体培育期间应每天巡查，详细记录天气情况、水温、丝状体生长发育及病害发生等情况，定期换水和施肥，当贝壳表面附着硅藻等杂藻较多时应及时进行贝壳的洗刷。培育前期，贝壳丝状体检查主要关注的是丝状体萌发量，以壳面藻落2～10个/厘米^{2}为宜。中后期主要是检查丝状体生长发育的情况，可用溶壳剂对贝壳进行溶壳处理，经显微镜观察藻丝生长发育情况。培育期间主要条件要求如下。

温度：条斑紫菜"苏通2号"丝状体培育在自然温度下进行，培育期间水温在15～28℃。果孢子萌发的适宜温度为15～20℃；丝状藻丝、孢子囊枝形成与生长适宜温度为20～25℃；壳孢子囊形成和放散的适宜温度为18～24℃。

光照：培养期间要避免强光和直射光。通过育苗室顶部、侧窗的窗帘进行光照强度的调控，3 000勒克斯的光照强度对丝状藻丝生长比较适宜，1 500勒克斯的光照强度对孢子囊枝形成与生长、壳孢子囊形成较为适宜。以经验判断，贝壳壳面12～15天长出肉眼可见的硅藻等杂藻的光照强度为合适光照强度。

洗刷与换水：采苗15天后开始第一次洗刷贝壳并换水，以后每隔15～20

天洗刷并换水一次。洗刷前需用淡水浸泡贝壳 24 小时，洗刷时应避免贝壳的干露和损坏，换水应注意海水密度的变化。

施肥：贝壳表面出现丝状体藻落时，施半肥（氮肥：7 克/吨，磷肥：1.5 克/吨）；藻丝布满壳面改施全肥（氮肥：14 克/吨，磷肥：3 克/吨）。溶剂均为海水。常用肥料及用量参见表 1。

表 1　丝状体培育常用肥料用量表

名称	分子式	全肥用量（克/吨）	半肥用量（克/吨）
尿素	$CO(NH_2)_2$	30	15
硝酸钾	KNO_3	100	50
硝酸钠	$NaNO_3$	84	42
磷酸二氢钾	KH_2PO_4	14	7
磷酸氢二钾	K_2HPO_4	17	8

贝壳丝状体的发育调控：通过上述培养方法，8 月下旬可观察到孢子囊枝的形成。如果 9 月初仍未出现孢子囊枝，应控制水温不低于 25℃，调控育苗池流水与增加换水频次。

（3）壳孢子采苗　壳孢子采苗适宜时间为 9 月下旬至 10 月上旬。当育苗池水降至 24℃，每枚贝壳的壳孢子日放散量达到 10 万个以上时，即可开展壳孢子采苗。

采苗方式：采用水泵冲水方式。一般 50～80 米²育苗池配备 1 台 2 千瓦左右功率的水泵。5～6 米²育苗面积铺放 180 米²网帘。

附苗密度：如果以网帘散头维尼纶单丝进行附苗检查，单丝附苗量达到 50～100 个/厘米（显微镜 10×10）为宜；如果以网帘绳检查附苗情况，以 5～10 个/视野（显微镜 10×10）为宜。检查过程中，应计数壳孢子萌发（已完全附着在网绳的壳孢子）的量。

（4）海区养殖　目前适合条斑紫菜"苏通 2 号"的栽培模式为半浮动筏式栽培和支柱式栽培模式。以半浮动筏式栽培为例，养殖操作流程如下。

①海区选择。栽培海区应以沙质、泥沙质为宜，打橛方便，滩面平坦有利于台架的设置，干出时间接近，生长均衡。海水水质应符合 GB 3097 的规定。栽培潮位宜选择大潮汛栽培网帘干出 3～5 小时的海区。海水流速为 30～50 厘

米/秒为宜。

②栽培设施。半浮动筏式栽培各设施示意见图1。海区栽培场景见图2。

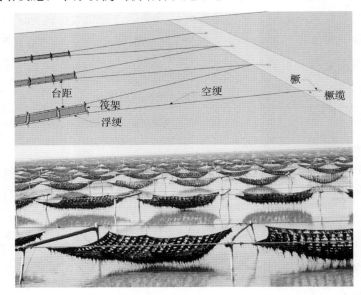

图1　半浮动筏式栽培设施示意

图2　半浮动筏式海区栽培场景

A. 网帘规格。网线宜用规格为 90 股（10×3×3）、99 股（11×3×3）、108 股（12×3×3）等，以聚乙烯和维尼纶按 4∶6 或 5∶5 的比例混捻而成。

网目以 30～34 厘米为宜，网目为方形或菱形。方形网帘长 2.3～2.5 米，宽 2.3～2.5 米；矩形网帘一般长 3～10 米，宽 1.8～2.2 米。方形网帘采用加边目的方式作网纲，矩形网帘采用直径 5～6 毫米的聚乙烯绳作网纲。

B. 筏架设施。筏架设置方向应与冬季主导风向平行或夹角小于 30°。角度过大时容易导致筏架侧翻。

浮绠：固定筏架的绳子，一般用直径 18～22 毫米的聚乙烯绳等制作，长度为 150～180 米。

筏架：用来张挂网帘，一般用直径 6～8 厘米的毛竹制作，长度为 3.5～4 米。支架用竹梢制作，高度根据栽培海区潮位而定，一般 80～120 厘米。

橛：埋于滩面下以固定浮绠和筏架，一般用轮胎等制作。

橛缆：连接橛和空绠的绳。用聚乙烯绳等制作，长 3～5 米。

空绠：连接橛缆与浮绠的绳。筏架两头空绠应分别留足 25～35 米（不小于当地潮差的 5 倍），空绠过短易造成筏架两头的网帘浮不出水面，过长易导致筏架侧翻。

挂网量：根据网帘的规格而定。方形网每台筏架设置 35～40 个网位，矩形网每台筏架 6～30 个网位。

台距：筏架与筏架之间的距离。筏架的台距为 10～12 米。

分区：规模较大的海区应分区栽培，每 50～60 台筏架为一区，区间距 40～50 米，保证栽培区潮流畅通。

③栽培管理。

分网：肉眼可见网绳上长出紫菜藻体时（称为见苗），把网帘单张挂至半浮动筏上。苗网应尽量拉平、吊紧，防止拖地从而造成掉苗、附生杂藻。网帘上杂藻附生较多时，应及时清除，或用备用网替换。

当网帘上藻体整体长至 15 厘米以上时，即可进行采收。采收后留下的藻体长度以 5～8 厘米为宜。采收间隔时间根据水温或藻体的生长速度调整，一般每隔 15～25 天可进行一次采收。

单孢子发生：条斑紫菜的人工栽培中，无性生殖的单孢子是栽培群体重要的不可缺少的种苗来源。人工采苗附着的壳孢子苗下海 3 天内，因种种影响因素不断脱落，保苗量仅在 10% 左右，最终在栽培网上形成稳定幼苗群体的主要为经多代无性生殖的单孢子苗群，所以单孢子形成与放散具有重要的生产意义。条斑紫菜"苏通 2 号"在下海 87 天苗量已达 877 株/厘米，其中单孢子幼苗 740 株/厘米，"苏通 2 号"单孢子幼苗占总苗量的比例为 84.4%，说明单孢子形成与放散特征明显，单孢子发生条件宽，易形成优质苗帘的良种性状（图 3），这一性状为栽培期间的产量及原藻的质量奠定了基础。

图 3 条斑紫菜"苏通 2 号"优质苗帘

（5）病害防控

①种苗培育阶段。条斑紫菜"苏通 2 号"和其他品种条斑紫菜贝壳丝状体培育相同，常见病害可以分为三类：由病菌引起的，如黄斑病、白斑病、泥红病，发病较快，具传染性，造成危害大；培养条件不适造成的病症，一般不呈现传染性，危害较轻，如泥红病；其他病害，如白雾病，与贝壳质量及放置时间长短有关。

预防和治理方法：在贝壳丝状体培育中，做到培养海水经严格的黑暗沉淀处理（7 天以上），培养室保持通风，光照强度不要过强（一般不高于 3 000 勒克斯），这些措施可以有效预防黄斑病、泥红病等病害。一旦发生病症，应及时排掉池水，病症较轻时可采用淡水浸泡 1～2 天，至贝壳丝状体颜色转为正常后，冲洗干净，用二氧化氯对培养池进行彻底消毒处理，随后转入正常培养；如症状较重，可在每吨培养海水中施加 1～2 克二氧化氯，能够短时间内控制病害的发展，发病期间停止施肥和流水。

②海区养殖阶段。条斑紫菜"苏通 2 号"海区栽培生产中，影响栽培产量

的主要因素是水温、海水流速等环境因素和杂藻的附生，这些因素与紫菜病害的发生也有相关性。此外，病害的发生往往与单位海区栽培密度等直接相关。因此，在条斑紫菜实际养殖过程中通常采用晒网和进库冷藏处理结合的方法预防病害发生，即晒网后接着进库冷藏（-20℃），一般冷藏时间为 10 天左右，视海况条件的变化调整冷藏处理时间和次数，待养殖条件适宜时再下海继续进行养殖生产。

2. 典型案例

南通宏顺水产品有限公司位于江苏省南通市如东县，开展条斑紫菜育苗、海区半浮动筏式养殖和加工，2022 年入选国家水产种业阵型企业，为条斑紫菜规范化养殖提供了良好范例。该公司紫菜育苗面积为 6 500 米^2，海区养殖面积为 2 000 亩，年生产条斑紫菜种苗 12 000 亩左右，种苗销售约 300 万元，紫菜养殖产量约 4 000 万张，销售收入 1 800 万元，总利润约 700 万元。

刺参"安源 1 号"

一、品种简介

刺参"安源 1 号"（品种登记号 GS-01-014-2017），生长速度快、疣足多。在相同养殖条件下，与刺参"水院 1 号"相比，24 月龄体重平均提高 10.2%，平均疣足数量稳定在 45 个以上，疣足数量平均提高 12.8%。该品种适宜在辽宁、山东和福建等沿海省份养殖。

二、示范推广情况

刺参"安源 1 号"广泛应用于室内工厂化养殖、网箱养殖、池塘养殖、吊笼养殖等多种养殖模式中，近三年在山东、辽宁、河北、福建等沿海省份推广养殖，推广养殖面积超过 150 万亩，利用池塘、网箱、吊笼等养殖模式，刺参"安源 1 号"在助力山东、辽宁、福建等地乡村振兴中作出了积极贡献。

三、示范养殖模式

（一）工厂化养殖模式

工厂化养殖（图 1）是一种利用养殖大棚设施，通过人为控制水温、溶解氧、盐度、水质等环境条件进行的高密度、集约化的养殖模式。

1. 技术要点

（1）养殖条件　育苗场应建立在远离污染源、水质清澈、流速适中、风浪平稳的海岸或内湾。建立的养殖池应深度适中，便于排水和换水。养殖池应做好功能区分，如种苗池、亲本池、后备亲本池、暂养池等。配备沉淀池、砂滤

图1　室内工厂化养殖

池等水预处理设施，电、热、增氧、倒池、投饵等配套设备完善。

（2）亲参的筛选和蓄养技术

①筛选。挑选的亲参应体表无损伤，活力强，体长大于20厘米，体重大于200克。

②蓄养。蓄养期间亲参的密度应控制在20头/米³以下。蓄养亲参的池底可加置地笼等供亲参栖息。蓄养期间，每日换水1～2次，换水量为池水容积的1/3～1/2，换水时应及时清除池底污物及粪便和已排脏的个体；7～10天倒池1次。饵料可以用天然饵料，也可以用人工配合饲料，人工配合饲料应符合NY 5072—2002的规定。日投饵量为亲参体重的3%～10%。

（3）人工繁殖　亲参性腺发育成熟即可产卵。采用阴干流水刺激的方法催产，阴干45～60分钟，流水刺激30～60分钟。受精卵的孵化密度不大于10粒/毫升，孵化水温在18～25℃，盐度在25～32，pH为7.6～8.6。在孵化过程中用搅耙每隔30～60分钟搅动1次池水。搅动时要上、下搅动，不要使池水形成漩涡导致受精卵旋转集中。

（4）幼体培育　48小时后开始选优布池，幼体的培育密度控制在0.2～0.5个/毫升，培育水温为20～24℃，盐度在25～32，光强为500～1 500勒克斯。选优后向培育池加1/2的水，前3～5天逐渐把水加满，培育后期每日换水2～3次，每次换水1/2，应重视幼体发育情况，采用吸底或倒池的方法清理杂质。饵料可以选用角毛藻、盐藻、海洋红酵母、酵母粉等，每日投喂2～4次。在具体的育苗实践中应根据幼虫的密度、摄食情况等因素确定实际投饵量。

（5）稚参培育　一般在大耳状幼体后期或幼体中已有 20% 左右变态为樽形幼体时投放附着基，附着基一般采用透明聚乙烯波纹板或聚乙烯网片。培育密度控制在 1 头/厘米^2 以内。饵料以活性海泥和鼠尾藻磨碎液为主，也可投喂人工配合饲料，每日投喂 1~2 次，日投喂量为 30~100 毫克/升。实际投喂时根据稚参摄食情况、水温、水质情况适当增减。日换水 1/3~1/2，每隔 7~10 天，倒池一次。

（6）幼参培育

①一定要选择健康参苗。健康的参苗应体表无损伤，干净无黏液，肉刺完整尖挺，身体伸展较好，对外界刺激反应灵敏，参苗受到刺激后收缩较快，管足附着力强，所排大便较干且呈粗长条状。

②控制放养密度。根据水质情况、饲养条件、技术水平等因素确定合理的放养密度。一般情况下，200 头/千克以下的参苗，放养密度不超过 300 头/米^3；200~1 000 头/千克的参苗，300~1 000 头/米^3；1 000~2 000 头/千克的参苗，1 000~2 000 头/米^3；2 000~4 000 头/千克的参苗，2 000~3 000 头/米^3；大于 4 000 头/千克参苗，3 000~10 000 头/米^3。

③定期监测水质、水温、盐度等指标，确保它们符合刺参生长需求。夏季高温和暴雨期间尤其注意水质的稳定性，防止因极端天气导致水质突变使刺参发生应激反应。每天换水一次，换水量为池水的 1/2；每隔 3 天倒池一次。

④选择营养丰富、易于消化的配合饲料。投喂由马尾藻、鼠尾藻、海带、扇贝边、虾糠等经超微粉碎加工而成的配合饲料，并添加适当比例的海泥。每天分早晚两次投饵，投饵量为参苗重量的 2%。早投 40%，晚投 60%。

2. 典型案例

莱州市金仓街道京强水产养殖场位于山东省烟台市莱州市金仓街道北杨村西养殖区内，主要进行工厂化海参养殖。养殖场占地 35 亩，建有 22 个养殖车间，共有 660 个海参养殖池，工厂化养殖年产量在 10 万~15 万千克，实现销售收入 1 300 万~1 500 万元。

（二）网箱养殖模式

网箱养殖模式（图2）是在浅海、池塘通过搭建浮筏，构建特制网箱所开展的一种养殖模式。

图 2　网箱养殖

1. 技术要点

（1）养殖条件　网箱养殖选在水质澄清，潮流畅通，饵料丰硕，受风浪、潮汐影响小，无污染、无大量淡水注入，水深一般在 7 米以上、枯潮水深在 3 米以上的海域。

网箱养殖设施主要由网箱、浮筏、遮阳网、浮漂、木板等构成。网箱主要由框架、网坠、网衣组成，框架一般选用竹桩、木桩或 PVC 管等坚固、耐腐蚀、质量轻的材料连接围合成 5 米×5 米×2 米的长方体，网衣一般是 8～20 目的聚乙烯网，网坠是在 50～70 目聚乙烯网袋中装入圆石或砂砾，每个重量 4 千克左右。浮筏主要由大绠、木橛、橛缆组成。遮阳网是高密度聚乙烯等材质制成的 6 针以上加密扁丝遮阳网。浮漂是圆柱形 EPS 泡沫浮漂，直径为 30 厘米，长 80 厘米。木板是宽 20 厘米，厚 4 厘米，以连接各网箱。整个网箱养殖设施是在框架四面竖向固定网衣并高出水面 15～20 厘米，底部以水平网衣连接，网箱顶部四边穿有球形塑料浮漂防止下沉，底部四角拴系网坠使网衣保持伸展，网箱间以圆柱形泡沫浮漂连接，浮漂上方固定木板供人通行。网箱上方横向拴系缆绳，将遮阳网水平铺设于其上，固定于距水面 0.5 米以上，并确保不被风浪破坏。在筏身两端海底打下木橛固定，用橛缆、大绠连接养殖网箱，每个浮筏连接 12～14 个网箱，沿潮流方向顺向呈单排或双排设置，浮筏间距 10～15 米。每 20～40 个浮筏作为一个养殖单元，养殖单元间距不少于 100 米，呈"田"字形纵横排列。

（2）养殖管理　网箱养殖一般在每年 4—5 月、10—11 月放苗，网箱养殖要选择活力好、附着力强、大小整齐健康的苗种，网箱养成一般选用的苗种规格为 20～30 头/千克，放养密度为 30 头/米^2。饲料主要投喂颗粒饲料，颗粒饲料是由刺参配合饲料、有益菌及海泥混合加工而成，藻泥较多、浮游生物丰富的海区无需投喂。参苗入箱 2～3 天后开始投喂，初期每天投喂 1 次，中后期 2～3 天投喂 1 次。坚持定期观察、适量投喂、均匀投放的原则，根据潮汐流向变化，选择平潮缓流时投喂，水温低于或高于摄食温度时不投。

（3）日常管理　养殖时要注意遮光，网箱上加盖黑色遮阳网，防止强光照射。

颗粒饲料日投喂量以海参体重的 1‰～5‰ 为宜，具体投喂量应根据季节、天气、水温、海况以及海参自身情况而定，一般每 10 天调整一次投饵量。

随参苗生长更换适宜的大网目网箱。如海水较浑、网箱附着物较多、网箱破损，需及时进行冲刷或更换网箱。

定期检查参苗生长、成活等情况，适时筛苗并按规格分箱培育。

及时清理网箱、浮漂等设施上的附着物，发现有蟹类、虾类、杂鱼等敌害随时清除，发现伤残或病参及时捞出，带回陆地销毁。

2. 典型案例

烟台海益苗业有限公司位于烟台开发区潮水镇海头村，是一家以生态化育苗为主体、品种创新为支撑的海珍品苗种企业。占地面积 200 亩，拥有育苗生产基地 3 处，建有海参网箱 12 000 口，年产成品海参 75 万千克，实现销售收入 5 000 万元以上。

（三）池塘养殖模式

池塘养殖（图 3）是在沿海潮间带或潮上带通过修筑堤坝，建设形成较大水面养殖水域的养殖模式。池塘设置进、排水闸门，配备一定数量的参礁和增氧设备等设施。

1. 技术要点

（1）养殖条件　应选择附近海区无污染、远离河口等淡水水源、风浪影响小的内湾，在潮间带中、低潮区的地方建造池塘。池塘要求进排水方便、常年水位不低于 1.5 米，以沙泥或岩礁池底为宜，保水性能好。水质应符合 NY 5052—2001 的规定，盐度为 23～36，温度为 −2.0～32℃，pH 为 7.6～8.4，溶解氧大于 3.5 毫克/升。

图 3 池塘养殖

池塘要投放一定数量的附着基作为参礁，参礁的堆放形状多样，堆形、垄形、网形均可。参礁要相互搭叠、多缝隙，以给刺参较多的附着和隐蔽的场所。

（2）养殖管理 新改造池塘应进水浸泡 2 个潮次，每次泡池 3 天，之后将水排出。旧池塘在参苗放养前要将池水放净、清淤，并暴晒数日。在放苗前 1～1.5 个月，要对池塘进行消毒。池内适量进水，使整个池塘及参礁全部淹没。消毒剂选择漂白粉（5～20 毫克/升）或生石灰（1 500～3 000 千克/公顷），全池泼洒。

投苗时间一般为春秋两季，水温在 10～25℃时投放苗种较为适宜，苗种的投放密度由苗种的大小、参礁的数量、换水的频次、是否投喂饵料等因素决定，大、中、小个体总数可以保持在 10～40 头/米^2。

（3）日常管理 放苗后 2～3 天进水 10～15 厘米。当水位达到最高处时，水色以浅黄色或浅褐色为宜。进入夏眠后，应保持最高水位。每日换水量应遵循水质好、水温低、盐度稳定的原则。秋季以后加大换水量，每日换水量在 10%～60%。冬季结冰后保持最高水位即可。

坚持早、晚巡池，观察、检查刺参的摄食、生长、活动情况，重点监测水温、盐度、溶解氧、pH 等技术指标，并做好记录，及时发现问题并采取有效措施。及时捞出池内杂物，保持池水清洁。每隔 7～15 天潜水检查底质颜色、淤泥的厚度，以及刺参的健康情况和生长情况，并剖开数头刺参，检查其肠容物含量。

2. 典型案例

凌海市达莲海珍品养殖有限责任公司位于辽宁省锦州市凌海市大有经济开发区，是集海参苗种繁育、生态养殖、精深加工、品牌销售于一体的海参全产业链综合性省级农业产业化龙头企业。该公司海参养殖基地面积约3万亩，年产量约150万千克；年加工鲜活海参1 000万千克，年加工即食海参50万千克，总产值约3亿元，利润2 500万元；为当地300多个农民提供就业机会，人均收入6万元以上。

（四）吊笼养殖模式

吊笼养殖（图4）是将刺参放置于吊笼内，悬挂于浅海浮筏上进行养殖的方式，是南方地区养殖刺参的主要模式之一。

图4　吊笼养殖

1. 技术要点

（1）养殖条件　吊笼养殖要选择潮流通畅、风浪平稳、无大量淡水注入、无污染无赤潮的内湾，水深为7米以上。整个吊笼养殖设施主要由浮桶、筏架（木板）、竹竿、橛缆、橛子、吊绳、养殖笼等组成。橛缆和橛子固定整个筏架，养殖笼通过吊绳悬系在筏架的竹竿上，并通过浮桶浮力悬浮于水中；养殖笼多为扇贝养殖笼或养鲍笼，每串养殖笼通常由5～6个养殖箱组成，养殖箱的规格为40厘米×30厘米×12厘米，通常每亩水面悬挂养殖笼1 500～2 500串。

（2）养殖操作　放苗苗种选择活力好、附着力强的健康池塘养殖苗种，一般经过池塘养殖驯化的苗种能够更好地适应海区环境，成活率较高。苗种的规格为 20～30 头/千克，放养密度为 5～6 头/箱；放苗时间一般在 10 月底至 11 月初。投喂海带、鼠尾藻等主要饲料原料，也可投喂刺参专用的颗粒饲料。投喂量根据实际摄食情况及时调整，日投饲量为刺参体重的 2%～3%，每 3 天投喂一次。

（3）日常管理　经常检查网笼，防止网笼堵塞而导致刺参窒息死亡，每 3 天刷洗和冲洗网笼一次，保持清洁；养殖笼悬挂的水深根据水温、透明度、水流而定，一般控制在水下 1.5～3.0 米；根据刺参的生长和水质情况可适当调整苗种密度。

2. 典型案例

霞浦野湾水产品有限公司主营水产养殖、水产品初加工及销售等，其中野湾海参养殖基地位于霞浦上沃村海域，养殖人员 100 人左右，年产活鲜海参 400 多吨。海带加工厂位于霞浦涵江村，占地面积 3.8 亩，年销售干海带 3 800 多吨。得益于霞浦海域适宜的水质环境、气候条件，霞浦出产的海参有个头大、肉质厚、口感好、干海参泡发率高的优势。目前，海参养殖已成为当地渔业增效、渔民增收的支柱产业，成为推动海洋渔业经济发展的重要力量。霞浦野湾水产品有限公司借此优势发展海参、海带等水产品精加工，成为当地海产品公司的优秀典范。

图书在版编目（CIP）数据

全国重点推广水产养殖品种示范模式／全国水产技术推广总站组编．-- 北京：中国农业出版社，2025．7．
ISBN 978-7-109-33452-6

Ⅰ．S96

中国国家版本馆 CIP 数据核字第 2025T5110G 号

全国重点推广水产养殖品种示范模式

QUANGUO ZHONGDIAN TUIGUANG SHUICHAN YANGZHI
PINZHONG SHIFAN MOSHI

中国农业出版社出版

地址：北京市朝阳区麦子店街 18 号楼
邮编：100125
责任编辑：王金环　蔺雅婷
版式设计：王　晨　责任校对：吴丽婷
印刷：北京印刷集团有限责任公司
版次：2025 年 7 月第 1 版
印次：2025 年 7 月北京第 1 次印刷
发行：新华书店北京发行所
开本：700mm×1000mm　1/16
印张：10.75
字数：175 千字
定价：78.00 元